爸妈不是我的佣人

张海君◎编著

商務印書館国际有限公司
中国·北京

图书在版编目（C I P）数据

爸妈不是我的佣人 / 张海君编著 . -- 北京 : 商务印书馆国际有限公司 , 2020.6
（成长励志系列）
ISBN 978-7-5176-0740-3

Ⅰ . ①爸… Ⅱ . ①张… Ⅲ . ①习惯性－能力培养－少儿读物 Ⅳ . ① B842.6-49

中国版本图书馆 CIP 数据核字 (2020) 第 081707 号

BAMA BUSHI WO DE YONGREN
爸妈不是我的佣人

编　　著	张海君
责任编辑	桑丛丛
封面设计	君阅书装
出版发行	商务印书馆国际有限公司
地　　址	北京市朝阳区吉庆里 14 号楼 佳汇国际中心 A 座 12 层
邮　　编	100020
电　　话	010-65592876（编校部） 010-65598498（市场营销部）
网　　址	www.cpi1993.com
印　　刷	三河市祥达印刷包装有限公司
开　　本	880mm × 1230mm　1/32
字　　数	62.4 千字
印　　张	3
版　　次	2020 年 7 月第 1 版第 1 次印刷
书　　号	ISBN 978-7-5176-0740-3
定　　价	90.00 元（全 5 册）

PREFACE
前言

随着孩子一天天长大，父母的烦恼也与日俱增：曾经天真烂漫的孩子，如今却叛逆心重，经常和父母对着干。作为父母，如何做好孩子人生路上的引路人？如何让孩子懂得感恩，懂得尊重父母呢？

在生活中，会有那种特别独立的孩子，当然，也会有什么事都依赖父母的孩子，这两种孩子是由于家庭教育的不同所造成的。作为家长，一定不要宠溺自己的孩子，因为你只能陪他走一程，不能陪他走一生。在陪伴孩子的时候，你要尽量让他自己学会独立，给他多一些尝试的机会。当发现孩子对某一事物特别感兴趣时，你千万不要扼杀他的兴趣，而要给予他正面的鼓励，他才会变得越来越好、越来越独立。

尊重他人，对于每个人来说都至关重要。对于孩子来说，更是如此。只有教孩子们学会了尊重他人，他才有被别人尊重的资本。

孩子的成长离不开父母的引导，也离不开书籍的陪伴。一本带有启迪性的好书，更容易将孩子引上正途。对此，家长们也是乐见其成的。因此，对作者来说，编写一套有教育意义又

能把正确的世界观、人生观和价值观涵盖进去的课外读物是非常重要的一件事。

中国教育部也非常关注少年儿童的心理健康和思想教育，多次修改教育大纲，也是为了让少年儿童更加出色。作者也正是秉承这一宗旨，为成长期的孩子量身打造了这套丛书。

这套丛书根据少年儿童的心理特点，以主人公何包的故事为核心展开叙述，主题多样。这些故事真切地发生在少年儿童的学习和生活中，给人身临其境的感觉。为了让这套丛书的可读性更强，作者不仅将少年儿童成长中的故事和真实发生的事例相互融合，而且邀请了优秀的插画师为本丛书绘制插画，让小读者在阅读过程中有更加直观的感受，更好地理解故事中所蕴含的意义。

在阅读这套丛书的过程中，小读者一定可以和主人公一起进步，从何包的故事中学会明辨是非、学会独立、学会学习、学会控制情绪、学会负责……

轻松幽默、富有教育意义的故事，不仅可以让孩子们从中学到优秀的品质，还可以帮助孩子们树立正确的世界观、人生观和价值观。

张海君

主要人物介绍

何包： 男孩，活泼开朗，乐于助人，因为平时非常喜欢吃荷包蛋，所以有了“荷包蛋”的绰号。

娇娇： 女孩，班长、学习委员，学霸，做事一板一眼，喜欢管教别人，有“公主病”。

乐乐： 男孩，何包的死党，学习成绩好。

大壮： 男孩，身体壮实，喜欢运动，体力超强。

文曲星： 男孩，胆小怕事，做事总是小心翼翼，喜欢读书，爱幻想，易纠结。

吉姆： 男孩，英国小朋友，跟随父母来中国，是插班生，典型的小绅士，颇受娇娇的喜欢。说着蹩脚的中文，经常被何包戏弄。

都美丽： 女孩，绰号“肉嘟嘟”，娇娇的小跟班，典型的吃货、小胖妹。

燕子老师： 班主任，兼语文老师，善良温柔，有时候也会暴走，变得非常凶。

高老师： 数学老师，男，严厉。

钱老师： 英语老师，女，温柔。

顾老师： 体育老师，男，严厉。

何包妈妈：急性子，说话大嗓门，就算正常说话都好像要跟人吵架似的。最擅长“咆哮式”育儿方式，只要何包不听话，上来就是一顿吼。

何包爸爸：天津快板的狂热爱好者，不过是个慢性子，做什么事都不着急，就算遇到火烧眉毛的事情也能喝完一壶龙井茶再去办。

何包爷爷：戏曲老师，已退休，目前的人生理想是将何包培养成优秀的戏曲家。

目录

CONTENTS

目录

CONTENTS

第1章

厨房大作战

何包打电话请吉姆和娇娇来家里做客，却把这件事忘得一干二净。等两个朋友来了之后，何包才手忙脚乱地开始准备。

“叮咚——叮咚——”

中午十二点，何包家的门铃突然响了起来。

站在门口按门铃的两个人，正是何包的同班同学：一个是品学兼优、人称全才学霸的学习委员娇娇，另一个则是从英国转学来的插班生、小绅士吉姆。

门还没开，就听见里面传来何包的号叫声：“等等啊！我这就来！马上！哎哟，我的拖鞋呢？怎么少了一只呀？我的变形金刚袜子原来在沙发底下！我说怎么找了这么多天没找着！”

门里头乒里乓啷一阵乱响，过了好半天，门才“吱呀”一声打开了。

只见何包倚在门口，顶着一头鸡窝似的小卷毛，趿拉着明显一大一小的两只拖鞋，全身上下都黑得像炭，唯独一口整齐的牙齿还算白净。

见到吉姆和娇娇，何包撩了下自己的刘海，眼睛都笑成了一条缝，招呼道："嗨！亲爱的两位同学！几天没见，有没有很想我呀？"

吉姆微微一笑："你好，何包。"

娇娇冷冷地看了眼何包，指了指自己手腕上的手表，说："何包！我们在你家门口等了整整十五分钟！你叫我们十二点钟来，自己却在家里睡大觉！"

何包挠了挠头，难为情地笑着说："哎呀，别生气，我也没办法呀，周公看我长得太帅舍不得我走，非要拉着我再下盘棋，别介意啊，快进来吧！"

吉姆和娇娇换上干净的拖鞋走进客厅，却发现家里空无一人。

娇娇扭过头问何包："咦？何包，家里就你一个人？叔叔阿姨不在家吗？"

"是啊，他们今天有点事，一大清早就出门了。嘻嘻，这不挺好的吗？家里没大人管着，多自在呀！"何包说着毫无形象地往沙发上一倒，一脚踢掉脚上的拖鞋，然后抱着薯片，拿起遥控器打开电视。

娇娇一把夺过遥控器，瞪着何包问道："那你打算怎么解决午饭的问题？"

何包一呆："啊？午饭？"

"你该不会忘了吧？"

“啥？”

“你昨天晚上打电话，叫我们今天中午来你家做客，一起吃——午——饭！”

何包彻底傻眼了：“啊……”

好像昨天晚上他的确是这么说的，结果打游戏打到半夜，一觉睡到大中午，把这事给忘得一干二净。那现在该怎么办？爸爸妈妈都不在家，他拿什么招待同学呀？

“看吧，你果然忘记了！”娇娇一脸恨铁不成钢。

吉姆贴心地说：“没关系，何包，我们等叔叔阿姨回来吧！”

何包一听这话就不乐意了，男子汉大丈夫，可不能让人小瞧了！他把胸膛一挺，死鸭子嘴硬地说：“哈，我怎么会忘记呢？你们难得过来做客，我是打算亲自下厨呢！你们等着！马上就好！”

说完，何包就一头扎进了厨房。

看着厨房里的一堆锅碗瓢盆，何包只觉得脑袋都大了好几圈。这砧板、铲子他都认得，鸡蛋、番茄他也认得，可合在一起该怎么整呢？

“算了，话已经放出去了，不就是做顿饭吗？难不倒本帅哥！”何包撸起袖子，决定硬着头皮上！

娇娇和吉姆待在客厅，心里显然放心不下何包，他俩刚走到厨房门口，就听见里面传来何包的声音。

“鸡蛋……哎哟，这鸡蛋壳怎么一磕就碎了？”

“好你个番茄，你再滚试试！我就不信切不到你！”

“这是糖，还是盐啊？我尝尝……啊呸呸呸！咸死

我了！”

“哎呀！我的妈呀！烫死我了！”

吉姆和娇娇连忙推开厨房的门，只见一股浓烟顿时冒了出来，呛得娇娇直咳嗽。

“何包！你究竟在搞什么鬼呀！”娇娇捂着鼻子走进去，只见何包抓着锅盖躲在角落里，头上粘着菜叶，身上挂着油渍，原本就黑不溜秋的脸蛋，这会儿更像是涂了墨汁一样！

厨房更是乱得不像样，活像被狗拆了家。

吉姆见状，赶紧走到灶台前关了火，锅里黑乎乎的一大坨，已经看不出来是个什么东西了。

何包难为情地笑着说：“咳咳，人有失手，马有失蹄，人生总要有点意外才过得精彩，对不对……要不，咱们点外卖吧？”

吉姆摇着头说：“没事，让我来吧。”

于是，吉姆拿起一旁的围裙系在腰上，三两下就把乱七八糟的厨房收拾得干干净净，然后从冰箱里拿出新鲜的食材，择菜、打蛋、烧水、煮面、调味……很快，三碗热气腾腾的青菜鸡蛋面就出锅了。

“我的妈呀……”何包看傻了。

接着，吉姆又拿出榨汁机，将切好块的橙子放进机器里，有条不紊地转动把手，不一会儿，新鲜的橙汁就榨好了。他再将橙汁均匀地倒进已经清洗干净的三个杯子里。

“吉姆真厉害。”娇娇忍不住夸道。

这下还没完，只见吉姆又将刀具、砧板和榨汁机分别清洗干净，然后放回原位。吉姆这一整套动作下来既熟练又稳重，和刚才差点把厨房给炸了的何包比起来，简直是太完美了！

娇娇由衷地赞叹道："你真厉害，吉姆，没想到你还会做中国的面条。"

吉姆腼腆地说："谢谢夸奖，我也是刚刚和妈妈学的。"

何包将一碗面吃得底朝天，连汤汁都不剩！他拍着圆鼓鼓的肚子，满足地打了个饱嗝，也夸赞道："吉姆，你真的很厉害，你是继我妈之后第二个让我服气的人！本帅哥决定了，今后一定用心教你学中文！"

娇娇一记眼刀子飞过去："得了吧你！何包，你还是先把语文考及格了再说！"

何包日记

我请了娇娇和吉姆来家里做客，却把这件事忘得一干二净。等他们来的时候，我才手忙脚乱地开始准备。但是由于我没有做饭的经验，所以十分狼狈。还是吉姆厉害，很快就把饭做好了。我单方面宣布，从今天开始，他就是第二个让我服气的人！

第2章

作弊风波

早在期中考试前，何包和大壮就商量好了作弊计划，并付诸实践。没想到，他们作弊的时候被教导主任当场抓住了。

马上就要期中考试了，同学们都在紧张复习，只有何包和大壮每天还是优哉游哉。他们已经想好了，在考试的时候要互帮互助，争取把成绩提高一点点。为了方便作弊，他们还制订了一系列密码。

考语文的时候，他们开始按照原计划发送密码。何包先问："第一题你会吗？"大壮回复："不会。第二题你会吗？"何包回复："不会。"就这样，两个人作弊了半天，谁也不会，只好胡乱写一通了事。

考试结束后，他们找了个没人的角落，开始互相埋怨。

"你怎么复习的啊，一道题都不会？"何包抱怨道。

"你还说我呢，你不是也不会吗？"大壮说。

“哎，下一场咱们改变作战计划吧，反正大题也不会，就把选择题对一下答案好了。”何包无奈地说。

正当两个人正在对答案的时候，教导主任来了，他生气地对何包和大壮说：“考试结束到我办公室！”

何包和大壮这下可吓坏了，本来题目就不会做，现在更不会了，几乎交了白卷。

考完试之后，两个人忐忑地来到了教导主任的办公室。教导主任一看到他们，就生气地说：“说说吧，你们俩考试的时候干吗呢？”

大壮支支吾吾地说：“作……作弊呢……”

教导主任一拍桌子说：“你们居然敢作弊？明天把家长叫到学校来。”

何包和大壮对视一眼，低着头离开了教导主任的办公室。

放学回家后，何包趁着妈妈不注意，对爸爸说：“爸，明天你有事吗？”

爸爸笑着说：“爸爸明天得上班啊，怎么这么问？”

何包支支吾吾了半天，才说：“明天可能得让您去学校一趟，教导主任叫您去开个微型家长会。”

爸爸疑惑地问：“什么意思？”

何包小声说：“就是您和他单独开会，我可能也会参会。”

爸爸听完立刻拉下了脸，大声说：“何包，你怎么回事？是不是又犯错误了？”

何包赶紧做出一个“嘘”的动作，小声说：“爸爸你小点声，让妈妈听见，我的屁股不保啊！这次你救我一命，我以后一定报答你的大恩大德！”

没办法，爸爸只好同意了。

另一边，大壮回家之后，也是跟爸爸说了这件事："爸，教导主任让你明天去一趟。"

爸爸毫不奇怪地说："你小子又犯什么错误了？"

大壮大大咧咧地说："嗨，考试的时候不小心被他抓住了，非要说我和何包比心，我不过就是作弊了嘛！"

爸爸闻言有些不高兴了："你怎么把作弊说得如此轻描淡写？"

大壮说："爸，我的水平你还不知道吗？我作弊完全是不想给你丢脸。好了，你赶紧想想该怎么说，千万不要提帮我写作业的事。"

第二天早上，何包爸爸和大壮爸爸来到了教导主任的办公室，接受批评。

教导主任推了推眼镜，严肃地说："昨天何包和大壮两位同学考试作弊，被我抓了现行，我想问问你们家长有什么看法。"

何包爸爸急忙承认错误："对不起，主任，何包就是有些调皮，我保证他下次不会了。"

大壮爸爸也赶紧认错："对不起，主任，孩子错了，我回去一定好好批评。"

见两位爸爸态度还算诚恳，教导主任态度就缓和了一些，说："我问过老师，这两个孩子平日里是有些调皮，不过大壮同学的作业完成得还是很不错的。"

大壮爸爸得意地说："那当然，我可是很用心写的。"

教导主任听到这句话，差点蹦起来："你说什么？作业

是你写的？”

大壮爸爸这才意识到自己说漏了嘴，立刻低下了头，像一个小学生认错一样。

教导主任生气地说：“你是家长，应该督促孩子好好学习，不是帮他完成作业。你这样做，孩子的成绩什么时候能提上去？以后我会让老师把作业交给我，如果我发现还是你代笔，我就得采取惩罚措施了。”

在大壮爸爸再三保证不会再替大壮写作业后，教导主任才消了气，放他们出来。

出门之后，何包爸爸忍不住笑了起来：“我说大壮爸爸，你可真行，连作业都代写。咱们是父母，只提供教导和学费就可以了，怎么能代写作业呢？又不是佣人。”

大壮爸爸羞愧地说：“你说得有道理，以后我再也不替他写作业了。最近作业越来越难了，我感觉头发都愁掉了一大把呢！”

何包日记

期中考试时，我和大壮作弊，被教导主任抓了个正着，还被叫了家长，不过我也因此发现了一个秘密，原来大壮的爸爸还帮大壮写作业呢。哎！爸爸不是佣人，不应该代写作业。而我和大壮在考试中作弊也是不对的。

第3章

懒惰的文曲星

燕子老师成立了学习小组，何包和娇娇、大壮和文曲星各组成了一个小组。何包、娇娇、大壮一起去文曲星家学习，却发现文曲星在家里什么都不做，把妈妈当佣人使唤，都看不起他。

为了督促大家学习，最近燕子老师在班里采取了新的措施，就是组成学习小组。学习小组采取“一加一”的方式，就是一个学习好的同学搭配一个学习不好的同学。何包和娇娇、大壮和文曲星各组成了一个小组。

周五放学时，大家商量好明天一起去文曲星家学习。对此，何包十分兴奋，还兴致勃勃地说：“太棒了，这样我就能近距离观察学霸，缩小和学霸之间的差距了。”

娇娇说：“你和学霸距离很近啊，中间也就隔了十个地球的距离吧！”

何包不服气地说：“别看我在学习上和你们差距大，但是在颜值上我是碾压你们的，我何包名不虚传！”

娇娇笑着说：“看你的颜值确实是被碾压过。”

何包见说不过娇娇，就气呼呼地背着书包回家了。

第二天早上八点，何包、娇娇、大壮就到了文曲星家门前。此时文曲星正坐在餐桌旁等着吃早饭。听到门铃响了，文曲星大声说：“妈妈，有人来了，你去开门。”

文曲星的妈妈急忙从厨房里走出来，开门一看，就让何包他们进来，然后对文曲星说：“快看，你的同学们来了。”

见何包他们来了，文曲星着急地对妈妈说：“哎呀，你看我的同学都来了，我早饭还没吃呢，怪你做饭太磨蹭，快点给我盛饭。”

文曲星的妈妈招呼何包他们坐下后，赶紧去厨房帮文曲星盛饭。文曲星一边吃，一边埋怨妈妈没有早做饭。吃完之后，他把碗筷一推，就要和小伙伴们去学习了。

到了房间，何包有些难以置信地说：“文曲星，刚才那个阿姨是你们家的保姆吗？”

文曲星说：“不是啊，那是我妈妈。”

娇娇也惊讶地张大了嘴巴：“你怎么和妈妈那么说话？妈妈给我们做饭已经很辛苦了，你还总是抱怨，而且你吃完饭后连碗筷都不收拾。”

文曲星疑惑地说：“这有什么奇怪的吗？我在家一直都是这个样子呀。”

大壮说：“我在家就不这样。妈妈做饭的时候，我会帮她拿碗筷，还会帮她洗碗，当然她会给我零花钱，嘿嘿。”

文曲星不在意地说：“你们是来学习的，咱们不说这个了。”

接下来，小伙伴们拿出作业，开始认真地写作业。不一会儿，文曲星的妈妈敲门进来，给他们送来了剥好的柚子。小伙伴们纷纷道谢，只有文曲星不高兴地说："你怎么不拿牙签啊，让我们直接用手抓吗？"

文曲星的妈妈急忙道歉，又拿来了牙签分给他们，然后笑着说："今天上午你们好好学习，中午就留下来吃饭吧，我做几个拿手菜给你们尝尝。"

文曲星兴奋地说："没错，留下来吃饭吧，我妈做的菜可好吃了。"

几个小伙伴相互看了一眼，最后还是何包站起来说："那就给您添麻烦了。"

到了中午，文曲星的妈妈做好了菜，有油焖大虾、红烧狮子头，还有辣子鸡和西红柿炒鸡蛋。几个小伙伴看了，口水都要流下来了，赶紧围到桌边，帮着端菜和拿碗筷。只有文曲星坐在桌边纹丝不动，已经看起了电视。

看到文曲星这个样子，小伙伴们在饭桌上都没有说话。吃完饭后，他们帮助文曲星的妈妈收拾了餐桌，就说要回家。

文曲星纳闷地说："咱们不是说好了学习一天吗？你们怎么刚吃完饭就要走？"

还是大壮心直口快，说："我们觉得你对妈妈太不礼貌，把她当佣人一样，所以不想再留在这里了。"

文曲星说："我们是学生，任务就是好好学习，爸爸妈妈不就是照顾我们的吗？"

娇娇说："虽然我在家里也很娇惯，但是我真的觉得你对妈妈的态度有点过分。"

何包也说："就是，虽然我的成绩差你一大截，但是在这方面，我觉得我比你强多了！"

小伙伴们说完就背着书包回家了，只留下文曲星一个人站在客厅里，呆呆地看着在厨房里洗碗的妈妈。

不一会儿，妈妈洗完碗出来，见小伙伴们都不见了，就问："文曲星，你的同学们怎么都走了？"

文曲星郁闷地说："他们觉得我对你的态度有点过分，不愿意留下来，就都走了。妈妈，你真的觉得我很过分吗？"

妈妈笑着说："是有一点儿。妈妈要忙工作，还要照顾你，有时候难免做得不太好，我希望你以后可以体谅妈妈，不要总是抱怨。要知道，妈妈已经尽力做到最好了。"

文曲星想了想，觉得妈妈说得有道理，就羞愧地说："妈妈，你说得对，有时候我确实做得不太好，我保证以后我会改正的。"

何包日记

别看文曲星学习好，可是在家里的表现可真不怎么样。他在家里什么都不做，对妈妈的态度很过分，让我们都很看不起他。好在他及时改正，我们才准备原谅他。不过，我要把他当成镜子，好好注意自己的行为，不把爸爸妈妈当成我的佣人。

第4章

离家出走的娇娇

娇娇让妈妈帮自己准备文艺汇演用的裙子，妈妈却忘记买新的了，只好让她穿去年的。娇娇非常生气，居然离家出走了。

学校要举办文艺汇演，娇娇兴冲冲地报了一个独舞，并坚持每天练习。为了取得好的效果，她让妈妈帮自己买一条好看的白裙子，留着表演的时候用。

妈妈一口答应下来，可是因为工作太忙，她把买裙子的事情忘记了。直到表演的前一天晚上，娇娇兴奋地对妈妈说："妈妈，你给我买的白裙子终于要派上用场了，快点拿出来吧。"

妈妈这才忽然想起买裙子的事，有些内疚地对娇娇说："对不起，妈妈最近工作太忙，把买裙子的事情忘记了。"

原本十分兴奋的娇娇仿佛被泼了一盆凉水："忘记了？我不是提醒过你好多次吗？你还答应得很痛快。"

妈妈内疚地说："真的对不起。妈妈是答应了，可是忙着工作又给忘了，请你原谅妈妈，好吗？"

娇娇生气地说："明天就要表演了，没有白裙子，你让我怎么演出？"

妈妈赶紧安慰她说："宝贝儿，别生气，去年不是给你买过一条白裙子吗？妈妈给你洗洗，也能将就着穿。"

娇娇听后更加生气了："去年的裙子，那还能穿吗？我可丢不起这个人！我看你根本就不在乎我！"

说完，娇娇就生气地跑出了家门。妈妈急忙追了出去，可是娇娇跑得太快，一会儿就不见了踪影。妈妈没办法，只好特别担心地回了家。

娇娇跑到小区外，实在不知道该去哪里，就沿着马路闲逛。一开始，她想到的都是妈妈的不好：妈妈言而无信，妈妈对自己要求严格，妈妈……

走了一会儿，一阵冷风吹来，她不由地哆嗦了一下，只好来到一家快餐店坐着。在这里，她看到很多小朋友和妈妈一起吃汉堡和炸鸡，忍不住咽了口口水。以前妈妈也总带自己来吃汉堡和炸鸡，可现在自己只能眼巴巴地看着别人吃，想想自己真是太可怜了。

这时候，她听到一个小朋友奶声奶气地对妈妈说："妈妈，你也吃。"

她的妈妈笑着说："妈妈不爱吃，给囡囡吃吧。"

娇娇又想到了自己的妈妈，以前和妈妈一起来吃饭的时候，自己只顾着大快朵颐，从来没有问过妈妈爱不爱吃。而仔细想想，妈妈似乎只是等着自己吃饱了，才吃剩下的那点残渣。

想到这里，娇娇后悔极了。于是，她离开快餐店，走上了回家的路。

回到家的时候，妈妈正焦急地到处打电话，问有没有人知道娇娇去了哪里。见娇娇回来了，妈妈一把把她抱在怀里不松手，内疚地说："对不起，妈妈不是故意忘记的，实在是最近工作太忙了。我把去年那条白裙子先找出来，给你洗干净，熨烫好，明天先穿着行吗？"

见妈妈不但没有生气，还在自责，娇娇也觉得十分内疚，就小声说："好的，妈妈，去年的衣服也可以的。"

妈妈急忙找出那条白裙子，放进洗衣机洗干净，然后烘干，又仔细熨烫好，让娇娇试了一下。娇娇感觉胖瘦还合适，就是有点短。妈妈想了想，从自己一件很贵的衣服上拆下蕾丝边，加在了裙子的下摆上。

见妈妈想尽各种办法为自己准备裙子，娇娇感到更加羞愧了。她暗下决心，明天一定要好好表演。

第二天，娇娇穿着妈妈准备的裙子，自信地开始了表演。在舞台上，她就像一只白天鹅一样优美，赢得了观众们热烈的掌声。演出结束后，她边谢幕边想：要是妈妈能在场，该有多好啊！

就在这时，观众席上传来了一个熟悉的声音："女儿真棒，妈妈为你骄傲！"

听到妈妈的声音，娇娇十分激动，从舞台上跳了下来，冲到了妈妈身边。母女俩抱在一起，别提多激动了。

回到教室后，何包有些纳闷地问："娇娇，不就是个文艺

汇演吗？你和你妈妈怎么这么激动？好像跟久别重逢一样。”

娇娇严肃地说：“这你就不懂了，这里面有个故事呢。看到我穿的白裙子了吗？就为了它，我昨天还离家出走了。”

何包惊讶地张大了嘴巴，说：“至于吗？娇娇，你可是刷新了我对你的认知呀！”

娇娇说：“我也意识到了这样不对。妈妈辛苦上班，还要照顾我，我却对她发脾气，还离家出走。我在快餐店看到别的小朋友和妈妈一起吃炸鸡和汉堡，就想到了过去妈妈带我去吃的场景。”

何包点点头说：“哦，我明白了，你是因为馋炸鸡和汉堡，又没带钱，所以才回家的，对吗？”

顿时娇娇的头上燃起了一朵小火苗：“何包，你给我再说一遍！”

见势不妙，何包赶紧摆摆手说：“不说了不说了，我能理解，炸鸡和汉堡太好吃了，今天我就吃去。我先走了，拜拜！”

何包日记

要不是娇娇亲口告诉我，我很难想象她居然会为了这么点事情离家出走。妈妈照顾我们本来就很辛苦了，还要上班，有时候难免会忘记一些事情。幸好娇娇及时回家，要不没准就走丢了。虽然她很傲慢，我不太喜欢她，但也不希望她走丢。

第5章

小小清洁工

都美丽是个典型的宅女，被子也总不叠。直到有一天，爸爸和她打了个赌，让她当了一天的家庭清洁工，她才终于明白，父母打扫家里是多么辛苦。

都美丽长得胖嘟嘟的，是一个非常懒惰的孩子。在家里，她的床总是乱得像狗窝一样，漫画书、零食袋、玩具、游戏机散落在床上，被子像腌菜似的，从来不叠。

一天早上，都美丽从被窝里爬出来，把被子随便一揉，就去洗漱了。她看着镜子里的自己，越看越美丽，美滋滋地对妈妈说："妈妈，我觉得我最近变漂亮了，你觉得呢？"

妈妈过来看了看，哭笑不得地对她说："漂亮什么呀？你看你的头发，要是去抓只鸟儿，都可以在上面安个巢了。"

都美丽兴奋地说："那太好了，这样就能天天有蛋吃了。"

妈妈哭笑不得地说："好了，你不要再贫嘴了，快点去上学吧，都要迟到了。”

都美丽这才慢吞吞地收拾完毕，准备去学校。在路上，爸爸开玩笑地对她说：“美丽，你看你把房间弄得，跟狗窝一样，真是让我想起了一句话。”

都美丽好奇地问：“什么话？”

爸爸笑着说：“鸡窝里飞出金凤凰。”

都美丽不高兴地说：“爸爸，你干嘛说我的房间是鸡窝，我只是不想收拾。如果我勤劳一些，我的房间一定特别干净。”

爸爸有些怀疑地问：“真的吗？你可以把房间打扫干净？”

见爸爸不相信自己，都美丽大声说：“当然是真的，不信我可以打扫给你看！”

爸爸笑着说：“可以，爸爸跟你打赌，如果你能在咱们家当一天家庭清洁工，我就满足你的一个愿望。”

都美丽兴奋地说：“真的吗？”

爸爸笑着说：“当然是真的，我什么时候骗过你？”

都美丽说：“那就一言为定。咱们家附近刚开了一家日料店，如果我赢了，你和妈妈就带我去吃，好不好？”

爸爸笑着说：“没问题！明天是星期六，你明天就做咱们家的清洁工好了。”

都美丽自信地说：“没问题，你和妈妈就等着看吧。不是我吹牛，我随便一打扫，咱家就跟新的一样。”

爸爸说：“我还真觉得这挺有吹牛的意味。这样吧，我明天得在家监督你，万一你趁我们不注意，偷偷请个小时工来打扫，那这打赌就没有意义了。”

都美丽不高兴地说：“爸爸，你怎么能这么想呢？虽然我平时比较懒惰，但是诚信还是要讲的。我郑重发誓，我只靠我自己的力量，就能把家里打扫得干干净净。”

爸爸笑着说：“好啊，那我拭目以待。”

第二天一大早，都美丽就醒了，做好准备工作。首先她要洗碗，一开始，因为手滑拿不稳，还“牺牲”了好几个盘子。后来她多加小心，才算把碗洗干净了。

洗完碗之后，她开始擦厨房的台面。由于台面上有很多油渍，她需要先把清洁剂喷上，等一会儿才能擦。在这个过程中，她先去冲洗拖把，等油渍软化了，再回来擦厨房。有的油渍已经存在了很长时间，所以擦起来很费力，为了不划伤台面，还不能用钢丝球。就这样，她费了很大的力气才把台面擦干净。

等擦完台面之后，她又把厨房的地面清理了一遍，然后开始拖地。就这样，她忙活了好半天，才把厨房收拾干净。想一想还有两个卧室、一个客厅和一个卫生间没有收拾，她的头都要大了。于是她来到客厅，准备耍赖。

爸爸看见她偷懒，笑着说：“怎么，跟我打的赌这么快就认输了？”

都美丽气哼哼地说：“没有，没有认输，我只是休息一会儿。”

爸爸说：“现在是不是特别佩服我有先见之明。我要是不在家，你一准得偷偷请小时工。”

都美丽噘着嘴说：“老爸，你可别门缝里看人，把人看扁了。我就休息一会儿，马上回去干活。”

爸爸笑着说：“这就跟你写作业一样，早写晚写都得写。

别磨蹭了，快点去吧。别忘了，好吃的日料还等着你呢。”

想想美味的日料，都美丽又来了精神，把自己的卧室收拾了一遍。居然还收拾出一些没有吃完的零食、一些臭袜子，还有掉到床底下的一些书。这一通收拾下来，她已经腰酸背痛了。可是为了美食，她还是坚持着，直到把家里的每个角落都打扫一遍，才让爸爸来验收。

爸爸来到厨房，仔细看了看台面和地板，满意地说：“不错，打扫得很干净，值得表扬。”

都美丽得意地说：“看吧，我就说我能做得很好。”

爸爸又来到卧室，仔细查看了一番，才说：“卧室里的衣服没有分类，夏天的和冬天的没有分开放，这样找起来会很麻烦。你想想，妈妈收拾的时候是不是都是分开的？”

都美丽仔细想了想，确实是这么回事，就有些担心地问：“这不会影响我的日料吧？”

爸爸鼓励地说：“不影响，你是第一次做，做成这样已经很好了。”

都美丽这才松了一口气。

等爸爸验收完一遍，才说：“很好，房间打扫得比较干净，基本符合我的要求。但是还有一个问题，垃圾还没有倒，这个任务就交给你吧。”

由于都美丽迫切地想要吃到日料，拿着垃圾就下了楼。她远远地就看见有几个居委会大妈站在垃圾桶旁边，等着人去倒垃圾，突然想起了垃圾分类的事，很怕被问“你是什么垃圾？”

没想到那几个大妈早就看到她，大声说：“垃圾来了，垃圾来了！”这让都美丽很是无语。折腾了半天，总算把垃

圾分了类，还被教育下次决不能混着放。

回到家之后，都美丽认真地对妈妈说："妈妈，收拾家真是太辛苦了。我只做了一天就累得腰酸背痛，你天天收拾，一定十分辛苦。我向你保证，以后再也不把家里折腾成狗窝。"

妈妈笑着说："好的，妈妈期待看到你的表现，现在咱们去吃日料吧！"

何包日记

并不是每个女孩子都爱美的。比如都美丽就不爱美，她最爱吃零食，还把家里弄得乱糟糟的，要不是和爸爸打赌，她都不知道爸爸妈妈有多么辛苦。其实，我不比她强到哪里去，比如我就经常把家里弄得很乱。哎，保持家里整洁，说起来容易做起来难呀！

第6章

我和妈妈互换角色

何包写作文的时候胡编乱造，被燕子老师不点名批评了一顿。燕子老师还布置了一个家庭作业，就是和妈妈互换角色，体验妈妈平日里在家里劳动的辛苦。

周五放学之前，何包原本十分兴奋，正和乐乐讨论周末要去哪玩，这时燕子老师拿着大家的作文本走进了教室。何包一看燕子老师的表情，心中暗叫不妙，赶紧低下了头。

燕子老师扫视了全班同学一遍，大声说：“这次作文的题目是《我的妈妈》，有的同学写得很不错，但是有的同学写得就不太理想。还有同学写‘我的妈妈又高又矮又胖又瘦’，请问你的妈妈是变形金刚吗？”

同学们哄堂大笑，何包却笑不出来，因为这篇作文是他写的。

等大家笑够了，燕子老师才说：“总之，这次作文让我很不满意，所以我要给大家布置一项家庭作业——这个周日和妈妈互换角色，体验妈妈平日里在家里劳动的辛苦。”

听到燕子老师的话，同学们开始交头接耳。

“我妈妈生气的时候可吓人了，比鬼屋里的鬼都吓人。”

“我妈妈也是，生气的时候特别可怕，吓得我大气都不敢喘。”

……

燕子老师及时制止了同学们的议论，对大家说：“大家回去之后，一定要认真完成这项作业，因为下周还要把这篇作文重写一遍。如果不好好完成，我是能从你们的作文里看出破绽来的哦！”

同学们听说还要把这篇作文重写一遍，都忍不住哀嚎起来，其中，叫声最大的就是何包了。

回到家后，何包就跟妈妈说了燕子老师布置的作业。妈妈高兴地说：“燕子老师的这个办法不错，也让你体会一下做妈妈的辛苦，免得你总是对我有各种不满。就这样吧，明天开始，你就是妈妈。”

何包不在意地说：“这有什么难的？看我的。我早就发现了，你每天的任务都特别轻松，就是给我做早饭，喊我起床，晚上再做个晚饭，这些都是小意思，我一定能做好。”

妈妈意味深长地笑了笑，说：“好啊，那我就等着看你的表现了。”

第二天一大早，妈妈就在被窝里喊：“何包，我饿了，你快点做饭。”

何包还睡得迷迷糊糊的，听到妈妈的叫声，不高兴地说：“这刚几点啊，你就吃饭，等我再睡会儿。”

妈妈说："快点做饭，不然我一会儿上学迟到了。"

没办法，何包只好从被窝里爬出来，开始做饭。可是他从来没有做过饭，不知道该怎么做，只好胡乱做了一锅像米饭一样的粥，又拿了几片面包片，装在小碟子里，端上了桌。

看到这样的粥，妈妈生气地把筷子扔在桌上，大声说："这么难吃，让我怎么吃呀？"

何包不满地说："我辛苦给你做饭，你还嫌弃。"

妈妈也不甘示弱地说："平时我做饭的时候，你不是也是这样的吗？我做的饭菜比你这米饭强多了，你还总是抱怨呢，你都忘了吗？"

何包无言以对，只好说："不好意思，我这次发挥失常了，下次一定好好表现，给你做一顿好吃的。"

妈妈这才罢休，强忍着吃了点粥。

吃完饭，妈妈拿出爸爸的一堆臭袜子，对何包说："好了，快点去洗袜子吧，我明天上学还要穿呢！"

何包生气地说："这么臭的袜子，我才不要洗！"

妈妈严肃地说："你忘了今天你才是妈妈吗？我平时每天都要洗臭袜子，还有你那脏兮兮的校服。"

何包又无言以对，只好乖乖地去洗袜子。而妈妈呢，就悠闲地坐到沙发上，看起了电视。何包原本想发火，可是他想想自己，平时妈妈干家务的时候，自己也是在看电视。没办法，他只好来到洗手间，洗起了臭袜子。洗完之后，他刚想喘口气，就看到妈妈又抱来了一大堆衣服，在洗手间堆成了小山。

妈妈说："何包，这是这周咱们一家人需要洗的衣服，你一会儿就把它洗了吧，要不然明天没得穿了。”

何包没办法，只好吭哧吭哧地又洗起了衣服。累得腰都快断了，他才洗完。

妈妈拿起一件衣服，嫌弃地说：“你这也好意思叫洗了吗？你看看这件衬衣的领子，上面还有很多污渍呢，快点重新洗一遍吧。”

就这样，一整天下来，妈妈都是各种挑剔，把何包累坏了。每次他想发作，都会想起自己平时跟妈妈就是这么说话的，只好忍气吞声。

到了晚上，何包终于忍不住了，说：“妈妈，这一天总算结束了，咱俩把角色换过来吧。”

妈妈摇摇头说：“不行，现在才七点，这个时候该是你盯着我写作业的时候了。”

何包不满地说：“自己的作业自己写！”

妈妈笑着说：“那不行，你平时写作业的时候，都隔一会儿就出来喝水，吃零食，不盯不行啊！”

何包抱怨道：“妈妈，我真的要散架了！”

妈妈笑着回应他：“你又不是纸糊的，怎么会散架？而且，这几年来你每天都是这样对我大呼小叫的，我都没有散架。咱们俩只互换了一天角色，你就要散架了吗？”

何包说：“我平日里哪有你这么过分？你今天总是惹我生气，有好几次我都想打你了！”

妈妈笑着说：“你平日里就是这么过分。有时候我被你气急了，只能安慰自己：这是我生的，这是我生的。要不然我真怕压不住火气。”

听了妈妈的话，何包有些不好意思，小声说："妈妈，我今天和你互换了角色，知道了你的辛苦，以后我保证会乖乖听话，不惹你生气了。"

妈妈露出一副难以置信的表情："别说不惹我生气了，你能少惹我几次，我就得谢天谢地了！"

星期天早上，何包早早就起床，为爸爸妈妈煮了面条。虽然只是白水煮面，面条还有点坨，但妈妈吃得依然很开心。

何包日记

今天我总算理解了"站着说话不腰疼"是什么意思了。之前我总是惹妈妈生气，直到和妈妈互换了角色，听了妈妈说的话，我才知道我有时候其实还挺过分的。现在我知道了妈妈的辛苦，会比之前表现得更好，不让妈妈生气。

第7章

小狗鲁比

何包从公园里捡来了一只小狗。何包央求了爸爸妈妈很久，他们终于同意让何包养它了，但前提条件是让何包独立负责照顾小狗的生活起居。

星期五下午，何包和大壮、乐乐凑在一起，商量起了明天给何包过生日的事。

大壮说：“明天咱们去游乐场玩吧，中午一起去吃饭，一天都过得非常充实。”

乐乐说：“这多没意思呀，不如咱们去公园举行野餐吧，带上给何包的礼物，一起庆祝一下。”

何包兴奋地说：“这个主意不错。那就明天到橡树湾公园集合吧，都多带点好吃的！我再把娇娇、文曲星和都美丽叫上，人多热闹一些。”

商量好之后，几个小伙伴就各自回家。何包又给其他的小伙伴打了电话，约定第二天见面的时间和地点。

第二天一早，何包早早起来，装了满满一书包零食，就赶到了橡树湾公园。大家集合之后，就找了一片空旷的地方，准备一起野餐。大壮背的东西似乎很重，走起来有些吃力，何包想帮他拿，却被他拒绝了。

大家都坐好之后，纷纷拿出了礼物，准备送给何包。大壮打开背包，拿出一个包裹得非常严实的东西，看起来很有分量。何包好奇地问："这是什么呀？"

大壮神秘地说："你打开看看就知道了。"

何包打开一看，里面包了两块砖头，疑惑地问："你送我砖头干嘛？让我用砖头拍你吗？"

大壮得意地说："愿我们的友谊坚如磐石！"

听大壮说完，小伙伴们都哈哈大笑起来。随后，大家在一起吃喝玩闹，过得十分愉快，一直玩到下午，大家才准备回去。何包自告奋勇地说："大家把地上的垃圾收拾一下，我去扔到垃圾桶里，免得破坏公园的环境。"

大家收拾好垃圾，就交给何包，让他去扔。何包来到一个垃圾桶旁边的时候，突然听到里面传来窸窸窣窣的声音。他好奇地往里一看，发现里面有一只小狗，就把它抱了出来。何包在垃圾桶边等了一会儿，也不见有人来，只好抱着它回到了小伙伴们身边。

见到这只小狗，大壮高兴地说："这只小狗真可爱，哪来的？"

何包说："我在垃圾桶里捡的。"

娇娇羡慕地说："真不错，这是捡来的生日礼物呀！你可要好好养着，回头我们可以去你家看望它。"

犹豫了一会儿，何包最终还是决定带它回家。他小心翼翼地把小狗放进自己的背包里，就和小伙伴们一起回家了。

回到家之后，何包兴致勃勃地拿出小狗，对妈妈说："妈妈，快看，我捡了一只小狗。"

妈妈闻言有些不太高兴地说："你捡小狗做什么？万一有传染病呢？"

何包说："我看它挺可爱的，怎么会有传染病呢？"

妈妈严肃地说："我和爸爸照顾你已经很累了，可没有时间再照顾它。"

何包可怜巴巴地说："我自己照顾它，不丢给你们。我还保证期末考到班里前十名，让我留下它，好吗？"

见他这么可怜，爸爸也帮着打圆场："先让他留一段时间，看看表现。如果他不听话，我们就把小狗送人。"

妈妈犹豫了一会儿，就同意了。

得到爸妈的同意，何包别提多开心了。他兴致勃勃地端详着家里的这个新成员，想给它起一个名字。叫什么好呢？叫包包？不行，和自己重名了。万一妈妈在家里喊包包，就很难区分是在喊小狗还是喊自己了。叫六六？似乎有些没特色。他想来想去，终于决定给它起名鲁比。

解决了名字的问题，何包又开始给它安排住处。一开始，他是准备把鲁比放到纸箱里的，可是考虑到纸箱透气性太差，他还是央求爸爸从网上买了个狗窝，又买了狗粮。每天放学之后，何包还要带鲁比出去散步。

何包带着鲁比在花园里散步时，手里拿着卫生纸，随时准备捡狗屎。

这天放学后，大壮兴冲冲地来邀请何包去踢球，何包却回绝了："不行，我还得回家照顾鲁比呢。"

大壮问："鲁比是谁？"

何包说："就是上次给我过生日的时候捡的小狗呀，我给它起名鲁比，留在家里养着了。"

大壮惊讶地说："你自己养吗？"

何包说："是呀，我每天都要带它去散步，还要清理它的便便呢。"

大壮竖起大拇指，对何包说："嘿，何包，你可真是我的偶像呀！我要向你学习。现在问题来了，我去哪弄一只小狗呢？"

何包日记

爸爸妈妈让我自己来照顾鲁比，他们一定以为我过不了几天就会把鲁比丢给他们照顾。他们想不到的是，一向贪玩的我竟然真的说到做到，独自担负起了照顾小狗的任务，并且还从中体会到了父母养育自己的辛苦。

第8章

春游交响曲

为了参加春游，何包请妈妈去帮自己采购，妈妈却没时间。没办法，何包只好自己去超市采购了。

学校通知下个星期五要去春游。何包十分激动，早早就列好了购物清单，准备让妈妈去帮自己采购。列好之后，他高兴地和大壮、乐乐分享起了清单，以便互通有无，看看有什么缺的。

大壮看了看这个长长的清单，忍不住赞叹道："哎呀，何包，你可真能吃啊，光清单就列了这么多。"

何包得意地说："当然，我不是跟你吹，从小到大我要是少吃点，我爸早就买上豪车了！"

听了何包的话，乐乐哭笑不得地说："我怎么觉得你还挺自豪呢？"

何包笑着说："那当然了，能吃是福呀，不吃怎么有力气减肥呢？别贫了，快点看看还缺什么，我好让我妈妈去买。”

几个小伙伴商量了一下，又在清单上加了牛肉干、锅巴、肉松饼等很多好吃的。最后，何包仔细看了看这份清单，得意地说：“完美！现在什么都不缺了。但是我有一个想法，应该在春游之前的一天去买，要不然我肯定抵制不住诱惑，把它们都早早吃光了。”

到了星期四晚上，何包开始催促妈妈：“妈妈，快点去给我买零食吧，我明天就去春游了。”

妈妈这才想起这回事，有些为难地说：“可是妈妈现在要收拾东西出差，没有时间帮你买了。”

“哼！你怎么不早说？你早说要出差，我就早早让你买了。我明天就要用了，你说没时间，你让我明天吃什么？”何包有些生气地说。

“小区对面不是有个大超市吗？我给你三百块钱，你自己去买吧，你都这么大了，也该独立了。好了，你快点去吧，我再不出发就要迟到了。”妈妈说。

看妈妈这里没有商量的余地，爸爸又还没回来，何包只好闷闷不乐地拿着钱出门了。他从来没有自己买过东西，平日里的吃穿用度都是妈妈买来的，现在让他自己去买，还真有点不好操作。

来到超市门口，何包有点犹豫，手里的钱都攥湿了。保安大叔见他犹犹豫豫的，笑着说：“小朋友，九点钟就关门了，你要买什么可要抓紧呀。”

何包一听，赶紧走进超市，看着琳琅满目的商品，他感觉眼睛都要花了。

“牛肉干！”他迅速拿了两包抱在怀里。

“肉松饼！”他又拿了两包。

何包付完款，就把东西装进塑料袋，准备回家了。没想到刚到超市门口，就被一位保安大叔拦住了：“小朋友，你的肚子鼓鼓囊囊的，是不是有什么东西没付款呀？”

何包仔细一想，自己的东西都付款了呀？他思考了一会儿，才回过神来，生气地掀开衣服，对保安大叔说：“这是我的肥肉！肥肉！”

保安大叔跟他道歉后，何包才气呼呼地回了家。

到家之后，妈妈已经出门了，只有爸爸在家。爸爸见他自己拿回来好多零食，高兴地说：“哟，小包子都会自己购物了？我看看都买了什么？”

何包气呼呼地说：“妈妈抛弃了我，可不得我自己买嘛！这么点东西，就花了三百块，我把妈妈给的钱花了个干干净净，还搭上了我自己的一些零花钱。哎，那可是我攒了好久的呢，一想到这些，我的心就在滴血啊！”

爸爸笑着说：“你要是这么想的话，我可得批评你。你怎么能说妈妈抛弃你了呢？你看我们花了这么多的心血，把你养的白白胖胖的，就知道我们有多爱你了。可是不管怎么说，我们都不是你的佣人，也不能光天天伺候你呀。”

何包觉得爸爸说得有道理，有点羞愧地低下了头。

“还有，我觉得你自己去采购也没什么不好呀。你看，你买回来的都是你爱吃的，不是挺好的吗？”

“是挺好的，可是，我的零花钱都花没了，真是让我很

××
超市

郁闷，我要攒很久很久呢！”何包说。

“原来是为这呀，别不开心了，老爸给你补偿。”爸爸笑着说，“你跟我来。”

于是，何包跟着爸爸来到洗手间，正在奇怪爸爸要做什么。只见爸爸打开水箱盖，从里面拿出一个塑料袋，然后又打开塑料袋，从里面掏出一个塑料袋，掏啊掏啊，最后拿出一百块钱，笑着说：“好了，这一百块钱给你。你去给你妈打个电话。”

听了爸爸的话，何包觉得自己确实不该埋怨妈妈，赶紧拿起电话，拨通了妈妈的电话，高兴地对妈妈说：“妈妈，我自己完成了采购的任务，感觉还不错。祝你出差顺利，我和爸爸在家里等你！”

何包日记

本来我已经列好了购物清单，让妈妈帮我买零食，可是她临时出差，丢下我不管。没有办法，我只好自己去买。买回来之后，我还向爸爸抱怨，反而被爸爸教育了一顿。我想，爸爸说得有道理，所以我给妈妈打了电话，希望她会原谅我。

第9章

逃课风波

妈妈不在家的日子，何包轻松极了，居然想逃课去动漫展。于是一大早他就装病，结果，被爸爸给抓了现行。

妈妈不在家的日子，何包感觉十分轻松，因为不会有人盯着他写作业，也不会有人催促他早点上床睡觉。所以，他过得十分开心。

后天有一个动漫展，何包一直想去，但是因为和上学时间冲突，所以妈妈没有同意。现在妈妈不在家，是不是就可以偷偷去了呢？何包有些心动。放学回家的路上，他跟大壮说起了这件事。

听说有动漫展，大壮两眼直放光："真的吗？我也想去。"

何包激动地说："当然是真的。我的消息绝对可靠，但问题是咱们还得上学呢，去不了。"

大壮毫不在意地说："这有什么，请假不就得了？"

何包犹豫地说："咱俩同时请假，是不是有点巧？理由是什么呢？"

大壮也开始思考起来："没错，咱俩要是同时有事，肯定会被怀疑的，不如咱们假装生病好了，我就假装头疼，你就假装肚子疼。等爸爸妈妈去上班了，咱们就去动漫展。"

何包兴奋地说："那就这么决定了。"

到了动漫展这天，一大早，何包就躺在床上哼哼唧唧，装出一副十分难受的样子。爸爸见他不舒服，关切地问："小包子，你这是怎么了？快起来，爸爸送你去医院。"

何包假装虚弱地说："爸爸，我没事，可能着凉了，在家休息一天就好了。你快点去上班吧，不用管我。"

爸爸着急地说："那怎么行？你妈妈刚走，你就生病了，让她知道还不得吃了我呀！"

何包小声说："没关系的，爸爸。我很快就好。这是咱俩的小秘密，我不让妈妈知道。"

爸爸担心地说："你真的不用去医院吗？"

何包小声说："不用。你给燕子老师打个电话，帮我请个假，就去上班吧。我休息一天就能生龙活虎起来。"

见何包坚持，爸爸就去上班了。听到爸爸关门的声音，何包松了一口气。

他屏住呼吸听了一会儿，才悄悄地来到门边，从猫眼往外看，发现爸爸真的已经上班去了，就迅速冲到电话边，拨通了大壮家的电话。大壮像守在电话机旁边一样，第一时间接起了电话。

"喂，大壮吗？我是何包。"何包说。

“是我，大壮。你那边情况怎么样？”

“‘敌人’已经撤退，你那边呢？”何包问。

“我也是，‘敌人’都走了。咱们什么时候出发？”大壮说。

“现在就去吧，还能多看一会儿，怎么样？”何包说。

“同意，那咱们现在就出发，就在动漫展碰头吧，怎么样？”大壮说。

“行动！”

不一会儿，两个人就来到了动漫展，这里看看那里逛逛，时不时还用手摸一下，别提多开心了。

逛完之后，两个人又来到了附近的快餐店，准备大快朵颐。何包自己点了两个汉堡、一杯可乐、一个冰淇淋，大壮点了三个汉堡，两个人边吃边聊，越聊越兴奋。

突然，他们看到一个人在沉思，似乎是有什么心事，就好奇地议论起来。

何包说：“你看这个人一脸失落，看起来很不开心，一定是遭遇了什么巨大的打击。”

大壮摇摇头说：“我不这么觉得，根据我多年的经验，我觉得他是手机没有电了。”

两个人笑得前仰后合，整个餐厅里都能听到他们的笑声。突然，何包的身后传来一个声音：“小包子，你怎么在这里？”

何包回头一看：糟糕，是爸爸！爸爸怎么会出现在这里？何包的大脑急速旋转，准备想办法给自己解围。下一秒，他就笑着说：“叔叔，你好，你认错人了吧？我不叫小包子。”

爸爸生气地说："你跟我装傻，是不是？我怎么会不认识你？你要是不承认，别怪我给你妈妈打电话！"

何包迅速抱住爸爸的大腿说："爸爸，你可千万别告诉妈妈呀，要不然我的屁股准得开花。"

爸爸板着脸说："你撒谎、逃学，这次犯错误的性质非常严重。要不是我刚好来这附近见客户，还真被你蒙混过去了。"

何包乞求道："爸爸，你原谅我吧，千万别告诉妈妈，我保证以后再也不逃学了。我要是做不到，就……就……就让大壮考试不及格！"

大壮一听，着急地说："这关我什么事啊？是你诱惑我说有动漫展，我才逃学的。"

何包说："胡说，明明是你诱惑我。我这么爱学习，怎么可能主动逃学呢？都是因为你！"

"是你！"

"是你！"

于是，两个小伙伴吵了起来。

何包爸爸见他们吵起来，头都大了，生气地说："你们两个赶快回学校。我先办事，等回家后再算账。"

没办法，何包和大壮只好灰溜溜地回学校去了。在路上，他们还争吵个不休。

晚上放学回家，何包被爸爸狠狠地批评了一通。爸爸还打电话把何包撒谎、逃学的事情告诉了妈妈。妈妈非常生气地说："你居然敢逃学，你是给我读书的吗？"

何包不敢吭声。电话那头的妈妈又说："把语文课本上的生字抄写五十遍，我回去之后要听写。”

何包一边抄写生字，一边在想大壮会受到怎样的惩罚。第二天一早，大壮一瘸一拐地来到了学校，看样子是挨揍了。

何包笑嘻嘻地说：“是男子单打，还是女子单打？”

大壮龇牙咧嘴地说：“别提了，是混合双打。不过我想开了，还是挨揍好，来得快，去得也快。”

何包一想，好像还真是这样。

何包日记

没有妈妈监督和管理我，我就彻底放飞自我了，还装病，和大壮一起去了动漫展。没想到乐极生悲，碰巧遇上了爸爸。结果，我和大壮都被狠狠地教训了一顿。哎，也许我这次真的错得挺离谱的，没有人监督就管不住自己。

第10章

教师节的礼物

为了报答燕子老师不把自己逃学的事情上报给学校的恩情，何包和大壮准备送给她一件礼物。何包打算让妈妈去做这件事。

庆幸的是，燕子老师并没有把何包和大壮逃学的事情上报给学校，这让这两个小家伙非常感激。转眼就要到教师节了，他们俩决定给燕子老师送一件礼物，表达一下感激之情。可是，该送什么好呢?

大壮说：“送点好吃的吧，燕子老师那么瘦，需要多吃点好吃的。”

何包摇摇头说：“燕子老师那么爱美，一定不想吃胖。万一让她吃胖了，她一生气，把我们逃学的事情上报给学校，不就麻烦了吗？我们还是换个礼物吧。”

大壮点点头，觉得何包说得很有道理。可是该换成什么呢？他们想来想去，也没有什么头绪，只好决定回家之后再想，明天再决定。

到家之后，何包一边思考，一边心不在焉地吃着饭，用筷子一粒一粒地拨着碗中的米，又一粒一粒地夹起放进嘴里。

妈妈见他不好好吃饭，大声说："你怎么还数米粒呢？连吃饭都不会了吗？"

何包回过神来，看到眼前的妈妈，突然有了一个好主意。他嬉皮笑脸地问："妈妈，像你这样的中年妇女，喜欢什么样的礼物呢？"

下一秒，何包就感觉暴风雨来临了，因为妈妈像一头狮子一样怒吼道："你说谁是中年妇女？"

何包吓得缩成一团，小声说："对不起，妈妈。我刚才是口误，我说的是美少女。"

妈妈的表情这才多云转晴，大声说："这还差不多。你说什么礼物？干吗要送我礼物？"

何包说："不是给你的，妈妈。是给燕子老师的。我想你们都是女人，一定有很多共同点，知道该买什么。"

妈妈郁闷地说："女人当然都喜欢美丽的东西，比如花啊，好看的衣服啊，化妆品什么的。"

何包把这几样东西牢牢记住了，才嬉皮笑脸地对妈妈说："好的，妈妈。我记住了。"

吃完饭，妈妈没有刷碗，而是回到了房间。何包从门缝里偷偷一看，妈妈正在敷面膜呢。

第二天一早，何包就来到学校，兴奋地告诉大壮："我已经知道该送给燕子老师什么了，应该送好看的礼物。"

大壮哭笑不得地说："不送好看的礼物，难道有谁会送丑的礼物吗？"

何包说："我的意思是，咱们可以给她买花，或者衣服，或者化妆品。"

大壮思考了一下："我觉得不应该买衣服，咱们又不知道燕子老师的尺码。买花或者化妆品都可以，我没有意见。"

何包想了想，决定还是买化妆品。于是放学回家之后，他就通知妈妈："妈妈，我和大壮决定了，要送燕子老师化妆品，这件事就交给你了。"

妈妈说："你和大壮要送给老师礼物，为什么让我去买呢？我又不是你的佣人。"

何包大声说："你是我的妈妈，当然就得帮我去买啊，我又不会买东西。"

妈妈也赌气说："但是我觉得你应该也去，因为这是你送礼物，包含着你的心意。"

何包发脾气说："我不管，你快点去吧，我明天要用。"

妈妈说："那我也不管。"

何包大声说："妈妈，上次我逃学的事情，你还记得吧？"

妈妈生气地说："怎么会不记得？你趁我不在家就逃学。"

何包说："本来这件事是非常严重的，但是燕子老师没有报告学校。你要知道，如果她报告了学校，我就得挨批评。而你呢，就得去学校接受思想教育，你说丢人吗？"

妈妈点了点头。

何包又说："更加严重的话，我就得被开除，你说可怕吗？"

妈妈又点了点头。

何包说："所以呢，你说是不是该去给燕子老师买礼物？"

说完，何包就回到房间里，把门关上。没有办法，妈妈只好去商店买了一瓶价值不菲的面霜。何包看到妈妈买回的面霜，高兴地放进了书包里，并没有注意到妈妈一脸失落的表情。

到了早上，何包高兴地带着面霜来到学校，拉上大壮一起来到了燕子老师的办公室，像献宝一样把这瓶面霜放在了她的办公桌上。

燕子老师看着这瓶面霜，吃惊地问："你们这是干什么？"

何包笑着说："老师，教师节就要到了，这是送给您的礼物。"

燕子老师也笑着说："这礼物太贵重了，老师可不能要。只要你们好好学习，就是送给老师最好的礼物。"

何包挠挠头说："老师，这是我让妈妈特意去给您买的，您一定要收下。"

大壮也附和道："是呀，老师，您收下吧。"

燕子老师笑着说："老师真的不能要，你们拿回去吧。"

见燕子老师执意不收，何包和大壮也没有办法，只好拿着面霜回到了教室。既然燕子老师不要面霜，那应该送她什么呢？两个小伙伴又犯了难。最后，他们决定执行第二套方案，就是给燕子老师买一束鲜花。

现在的问题是，这瓶面霜该怎么办呢？何包想了想妈妈认认真真地敷面膜的样子，决定把它送给妈妈。于是放学回家之后，他第一时间拿出了面霜，对妈妈说："妈妈，

这瓶面霜老师没有要，把它给您用吧，这样您就能永远都是美少女啦！”

妈妈翻个白眼说：“你让我去买的东西，还是你自己留着用吧。”

何包嬉皮笑脸地说：“妈妈，您看我这样帅气如风，还用得着面霜吗？昨天我的态度不好，我向您道歉，这瓶面霜就当我赔罪的礼物吧！”

爸爸走过来，竖起大拇指：“用妈妈买的礼物送给妈妈，我墙都不扶就服你！”

何包日记

为了给燕子老师送礼物，我又把妈妈得罪了，因为我让她去买面霜。后来燕子老师没收这个礼物，我就顺手把它送给了妈妈。不过我要记住，要注意和妈妈说话的态度。

第11章

难做的演出服装

为了不上课，何包找娇娇软磨硬泡，承担起了做演出服装的任务，可是很快他就想把这个任务交给妈妈代劳。

最近一段时间，同学们都比较活跃，因为马上就要国庆节了，大家都忙着准备节目。何包原本是不想参加什么演出的，他觉得那样太累了，可是后来听说参加演出可以不用上课，就心动了。他想来想去，准备找负责班里合唱的娇娇谈判。

一大早，何包就来到教室，拿出自己准备好的零食，来到娇娇面前，谄媚地说：“娇娇，我今天给你带了零食，你尝尝。”

娇娇怀疑地看了他一眼：“无事献殷勤。说吧，有什么事？”

何包挠挠头说：“也没什么事，就是想跟你联络联络感情。”

娇娇更加怀疑地说："咱俩平时也没什么交集，有什么感情可联络的。有什么话你就直说吧。"

何包笑着说："是这样的，咱们班不是在准备庆祝国庆的节目吗？你让我也参加呗？"

娇娇看了他一眼，说："你？快得了吧，你唱歌那调跑的，九头牛都拉不回来。让你参加节目，咱们班的节目一准儿演砸。"

何包想了想，自己唱歌确实跑调，也不敢反驳，就说："只要让我参加，让我干什么都行。我保证，以后再也不惹你生气，做一只听话的小绵羊。"

娇娇不耐烦地说："我现在没有心情跟你说这个，现在演出的服装还没有准备好，我还得忙这个。你要是再烦我，我就告诉燕子老师，让她来收拾你。"

听到这句话，何包就像找到了救星，激动地说："我知道我可以干什么了。我来帮你准备演出的服装好了，你觉得怎么样？"

娇娇想了想，这个主意倒是不错，就勉强同意了，但是她强调，一定要有新意，让人眼前一亮，还要有爱国因素。

虽然娇娇的要求实在很高，但没有难住何包，他一口答应下来。为了完成这个任务，他连下课时都不出去玩了，就坐在座位上埋头苦画。晚上吃饭的时候，他也不好好吃，看起来像在思考什么重大的问题。

妈妈看到他的模样，敲了敲桌子说："何包，你不快点吃饭，想什么呢？"

何包得意地说："我今天接到了一项重大的任务。"

妈妈笑着说："什么任务？让你去参加阅兵了？"

何包说："那倒没有。不过这个任务的重要性丝毫不亚于参加阅兵。今天我去找娇娇，主动承担起了给这次国庆演出设计服装的任务，现在我正在思考这个问题呢。"

听到何包的话，妈妈感到十分欣慰，至少何包还挺积极进取的，为自己争取到了机会。

不过，妈妈的欣慰只持续了几分钟，因为何包马上丢过来一句话："妈妈，我也不知道演出服装到底该怎么做，要不你来帮我做吧！"

妈妈说："为什么又是我？我不管。"

何包撒娇道："妈妈，我可是你儿子啊，你忍心见死不救吗？"

妈妈说："哪有这么严重？"

何包说："当然有，你是不知道啊，娇娇在我们班就是一霸。"

妈妈问："那谁是你们班的班花？"

何包严肃地说："妈妈，我跟你说正经事呢，不是开玩笑。"

妈妈说："我也没有跟你开玩笑，你自己想办法。"

何包郁闷地说："我这不是不知道该怎么做吗？我要是知道，自己就能做了，还用麻烦你吗？"

听了这句话，妈妈生气地说："你不知道该怎么做，为什么要揽这个活？"

何包小声说："我听说参加演出就不用上课，才去争取了这个机会。为了接到这个任务，我嘴皮子都快磨破了。"

听到何包接下这个任务的目的，妈妈更是气不打一处来，她生气地说："你这个熊孩子，为了不上课，什么办法都能想出来。我不管，你接的任务你自己负责。"

"妈妈，我真的不会，你来嘛你来嘛！"何包耍起赖来。

"你要是不会，明天就去告诉娇娇，说你无法完成这个任务，让她安排别的同学吧。"妈妈很生气，她觉得随意接回任务丢给家长是一种非常不负责任的表现。

"不嘛！你要是不帮我，我就不吃饭了。"何包更加蛮横了。

妈妈生气地说："不想做就别做，不爱吃就别吃。"

见妈妈生气了，何包也不敢吭声了。他知道自己确实太依赖爸爸妈妈，总是把自己不喜欢做的事情丢给他们，可是现在妈妈生气了，看来只能靠自己了。

他坐在书桌旁挠了半天头，也不知道该怎么设计。突然，他想到一个好主意：可以去网上看看图片，寻找灵感。于是他打开网页，马上搜出了很多演出服装的图片。他试着记下几个关键词，又回想了一下娇娇的要求，最后想到的是在衣服上画一头雄狮，然后写上"中国梦　我的梦"的字样。他按照这个思路，设计了雄狮的颜色和形状，直到自己满意了，才拿去给妈妈看。妈妈见他主动去解决问题，也很高兴，就帮他提了一些修改意见。等到两个人都觉得满意了，何包才去睡觉。

第二天，何包带着设计好的图案来到学校给娇娇看，娇娇有些难以置信地说："这真是你设计的？"

何包骄傲地说："当然了，我用了不到一个晚上的时间就设计出来了，是不是很棒？”

娇娇笑着说：“是挺棒的，快让大家看看。如果大家没什么意见，咱们就去请燕子老师过目。”

大家聚拢过来，纷纷称赞何包设计得很好。这让何包感觉棒极了，他有些忘乎所以地说：“要是我妈妈能帮我做，我能拿出一个更好的！”

娇娇不满地说：“这是你揽下的活，为什么要让你妈妈帮你？”

“我……”何包泄了气。

何包日记

听说参加演出可以不用上课，我自然十分心动。可是娇娇居然对我各种嫌弃，我好不容易才接到了做演出服装的任务。回家之后，我觉得这件事情很难做，就想把它丢给妈妈，可是被妈妈拒绝了。事实证明，我自己也能做好。

第12章

“童工”何包

何包邀请朋友们到家里来玩，却从吉姆那里得知，他在家干活是能够拿到报酬的，于是何包也向爸爸妈妈提出了请求。

明天是周六，何包想邀请朋友们到自己家里来玩。于是，何包在放学的时候，向吉姆、娇娇、乐乐、大壮、文曲星和都美丽发出了邀请。小伙伴们都高兴地接受了他的邀请，约定明天早上九点到何包家。

何包回家之后，就把自己的想法告诉了爸爸妈妈。爸爸妈妈商量后，决定买些食材，明天给何包和他的小伙伴们烤肉吃。

周六一大早，小伙伴们都来到了何包家里。何包爸爸见大家都到了，就把烤肉架拿出来，准备开始烤肉。何包妈妈正忙着切肉，何包看见了，赶紧冲过去，想要帮忙：“妈妈，让我来切吧！”

妈妈笑着说："算了，这个太危险，万一切到手呢。你负责把我切好的那些装到盘子里，放点调料腌制一下。"

何包把肉腌制好，就去招待小伙伴们。大家都眼巴巴地等着烤肉。何包的爸爸见大家的口水都快流出来了，笑着说："别着急，烤肉马上就好。"

不一会儿，何包爸爸就把香喷喷的烤肉烤出来了，大家一拥而上，一盘烤肉很快就被吃光了。就这样，何包的爸爸妈妈忙着烤肉，小伙伴们忙着吃，大家都十分开心。

吃到最后，等小伙伴们把所有的食材都吃光了，何包的爸爸妈妈也没有吃到任何东西。吉姆有些过意不去，主动提出要帮忙刷碗。

何包爸爸笑着说："不用不用，你们玩吧，我和何包妈妈来收拾就行。"

小伙伴们吃够了烤肉，就在一边聊天。吉姆问："何包，你平时在家里干家务活吗？"

何包大大咧咧地说："当然不啊，都是我爸爸妈妈做的，我在家里什么都不做。你呢？"

吉姆说："我会帮爸爸妈妈干活，但不是白干，他们会给我报酬。"

何包羡慕地说："这样的话，你是不是有很多零花钱？"

吉姆笑着说："是啊，我想买什么，都可以用自己的钱去买。"

何包又问："那做家务累不累啊？"

吉姆说："虽然有点累，但是做家务也是很快乐的，因为我们在做家务的时候，也是在为这个家庭变得更干净、整

洁而付出。当然，拿到报酬更加快乐。”

何包笑着说：“没错，我也觉得拿到报酬更加快乐。不过，你是怎么想到这个办法的呢？”

吉姆说：“这不是我想出来的。在我们国家，很多小朋友都是这么做的。”

何包说：“真的吗？这么说的话，我可不能被你们国家的小朋友比下去呀！”

等到小伙伴们都走了，何包来到爸爸妈妈面前说：“爸爸妈妈，我有一个想法，你们要不要听？”

爸爸说：“行，那你说吧。”

“吉姆在家里会帮爸爸妈妈做家务，然后赚到钱。我也想通过做家务赚钱，行吗？这样我就会有很多零花钱啦！”

爸爸笑着说：“既然你有这个想法，爸爸妈妈很高兴。这样吧，今天烤肉用的这些烤网、盘子之类的，就由你来清洗吧！”

何包两眼放光地说：“没问题。我能拿到多少报酬呢？”

妈妈笑着说：“人民币20元。”

何包噘着嘴说：“啊，洗这么多东西，才给我20元。这20元也就是一包零食的钱而已。”

妈妈笑着说：“你自己考虑吧。如果你不同意的话，连这20元都没有了哦！”

何包思考了一会儿，最后决定还是做这项家务活。不过，由于他从来没有做过家务，很快就“牺牲”了两个碟子。好在他及时改进方法，很快就洗完了所有的碗碟。不过最困难的还是洗烤网，因为上面有很多油渍，真的很难清洗。他用钢丝球一连刷了三遍，才算洗干净。

洗完之后，何包腰酸背痛，他觉得吉姆是在骗自己，做家务并不快乐，还很累。不过当何包从妈妈手里接过20元的时候，突然又开心起来，兴奋地说："妈妈，快给我找个钱包，我要把这笔钱珍藏起来，这是我打工赚到的第一笔钱。"

妈妈故意说："才20元而已，用得着这么重视吗？"

何包郑重地说："那不一样，这是我用汗水换来的。经过这一次，我知道了你们做家务不容易，所以我决定，以后我要多帮你们做家务。但是我有个要求，能把报酬给我涨一点吗？"

妈妈笑着说："你这次打碎了两个碟子，没有扣你的报酬就不错了，你还敢要求涨？"

何包眨巴着眼睛想了想，好像也是这么回事。

何包日记

之前都是爸爸妈妈照顾我，我把这想成是理所当然的事情，可是听了吉姆的话，我才知道他在家里能够靠劳动赚到钱。我也想要赚到钱，就主动提出做家务，没想到在清洗碗碟时居然打烂了两个碟子，差点被扣钱。赚钱真是太难啦！

第13章

战胜恐惧

何包看完恐怖电影，觉得十分害怕，硬要让妈妈陪着自己睡觉。好在他及时给自己打气，才克服了恐惧。

放学回家的路上，何包和大壮聊起了有关恐怖的话题。

“我最近看了一部电影，叫作《釜山行》。哇！里面的丧尸真的超级可怕。”大壮绘声绘色地说。

“是吗？我没看过。真的很可怕吗？”

“当然了，我没法给你形容，你回家看看就知道了。”大壮说。

到家之后，何包打开电视，看起了这部电影，看到里面真的有一些非常恐怖的镜头，就连忙关掉电视，回屋写作业去了。在房间里，他不断地回想起电影中的镜头，总感觉自己身后有人，害怕极了，就冲到了客厅。

妈妈正在厨房里做饭，见他跑出来，笑着问：“怎么了？小包子，饭还没好呢，你是饿了吗？”

何包噘着嘴说：“不是，我就是想出来转一会儿。”

何包在客厅里转了半天，又回到了自己的房间。他刚一坐下，就开始胡思乱想，总感觉自己的身后有怪物。没办法，他只好又来到客厅，对妈妈说：“妈妈，你可以陪我写作业吗？”

妈妈大声说：“我还在做饭呢，没法陪你写作业啊。”

何包有点儿不高兴，嘀咕道：“你一点儿都不在乎我。”

妈妈听到这话可有些不高兴了，说：“你都这么大了，怎么写作业还要我陪？我每天要给你洗衣做饭，还要盯着你写作业吗？”

见妈妈不高兴了，何包不敢再说什么，只好闷闷不乐地回了房间。不一会儿，爸爸来叫他吃饭，他也只是随便吃了几口。一直到晚上睡觉，他都十分紧张。到了九点多，妈妈端着一杯热牛奶来到何包的房间，对他说：“宝贝儿子，喝杯牛奶吧，一会儿该睡觉了。”

何包接过牛奶放在桌子上，可怜巴巴地对妈妈说：“妈妈，晚上我能跟你们一起睡吗？”

妈妈奇怪地说：“你不都是自己睡的吗？怎么突然想跟我们一起睡？”

何包咬了咬嘴唇，小声地说：“今天大壮给我推荐了一部电影，我回家之后没忍住好奇心，就看了，里面有好多丧尸，我很害怕。夜里那么黑，万一有丧尸来抓我怎么办？”

“傻孩子，这个世界上怎么会有丧尸呢？而且爸爸妈妈就在隔壁，可以第一时间保护你。快点把牛奶喝完，早点睡觉。”

“妈妈……”何包把两只手臂伸得直直的，想要挽留妈妈，可是妈妈还是走了。

一个人躺在床上，何包直勾勾地看着天花板，有些不太敢关灯。他想了想，从床上爬起来，把房间的每个角落都检查了一遍，确定这里没有丧尸，才对自己说：“嗯，何包你看，这里什么都没有哦，快去好好睡觉吧！”

可是关上灯之后，整个房间陷入了黑暗之中，那种对丧尸的恐惧又包围了他，他想：是不是刚才亮灯的时候丧尸隐身了，现在灯灭了，丧尸又出现了，听说很多怪物都是怕光的。

何包害怕极了，用被子把自己裹得严严实实的，缩成一团，可他还是很害怕，终于忍不住大叫：“妈妈！”

爸爸妈妈听到他的叫声，以为发生了什么可怕的事情，赶紧跑过来看他。

爸爸打开房间的灯，看着蜷缩在被子里的儿子，连忙问：“怎么了，宝贝？”

妈妈看他这个样子，就问：“出什么事了？刚才干吗叫得那么大声？”

何包有些委屈，就说：“我很害怕，想跟你们一起睡，你们还不要我。”

妈妈见他这个样子，就说：“今天我来陪你睡吧，要不你今晚睡不好，明天一定没法好好上课。”

爸爸点了点头，就回到了自己的房间。

何包关了灯，和妈妈躺在床上，觉得不害怕了，很快就进入了梦乡。

第二天，何包洗漱的时候，爸爸笑着问："小包子，昨天晚上睡得怎么样？"

何包认真地想了想，说："还行，就是好久没和妈妈睡一起了，还有点不习惯呢。"

爸爸笑着说："看来你妈妈还是很厉害的，有她在，丧尸都不敢出现了。"

何包小声说："妈妈可比丧尸吓人多了。"

这时候，父子俩身后传来了妈妈的声音："你们在说什么？"

何包支支吾吾地说："没什么，我得去上学了，要迟到了。"

说完，何包就一溜烟儿跑了。到了学校，他来到大壮面前，埋怨地说："都怪你，昨天跟我说什么丧尸电影，吓得我一个人不敢睡觉，只好跟妈妈一起睡的。"

大壮大笑着说："你这么大了，还跟妈妈一起睡，羞不羞呀？你妈真可怜，不但伺候你吃喝，还得伺候你睡觉，还不如佣人呢。"

何包不服气地说："我只是害怕这么一晚上，今晚就不会了，我可是勇敢的何包！"

晚上，何包到家之后就赶紧写作业，不去胡思乱想。睡觉之前，妈妈特意过来问用不用陪他一起睡，被他拒绝了。他对着房间最黑暗的地方说："我不怕你！我不怕你！我不怕你！"

他听了一会儿，没有发现任何响动，就放心地闭上了眼睛。

可是不一会儿，他好像听到了奇怪的声音，迅速睁开眼睛，只见屋里黑洞洞的，吓人极了。他赶紧钻进被子里，假装没有听见声音，可是没有用，那声音还是存在。

何包从被子里钻出来，给自己多加鼓劲后，就打开了灯。屋子里变得十分明亮，可是什么东西都没有。他走到窗边看了看，才发现是窗户没有关严。他迅速关上窗户，跳到床上，然后关上了灯。

屋子里没有任何响动，何包放心地睡着了。

何包日记

妈妈对我真是太好了，我的要求她都会答应。不过大壮说得也有道理，妈妈每天辛苦上班，不仅要伺候我吃喝，还要伺候我睡觉，还不如佣人。所以我决定，主动克服恐惧，做勇敢的自己。

第14章

"破蛋日"快乐

过生日这天，爸爸妈妈给何包送了一幅拼图做礼物，他努力了好多天，却被爸爸发现有某个地方拼错了。

今天是何包的生日，爸爸妈妈商量好，要给他买一个蛋糕，晚上好好庆祝一下。经过挑选，他们选了一款"破蛋日"蛋糕，圆圆的蛋糕上放着鸡蛋形状的奶油，看着就可爱，何包一定会喜欢。

下午放学回家，何包就开始大叫："妈妈，饭做好了吗？我好饿啊！"

妈妈在厨房里大声说："马上就好。你先去洗洗手，看会儿电视，妈妈做了你最爱吃的菜。"

何包洗完手，就坐在沙发上看起了动画片。不一会儿，妈妈就把饭做好了。他跑到餐桌旁一看，哇，有这么多好吃的！有烧鸡，有红烧肉，还有水煮鱼。何包抱住妈妈，在她脸上落下一个大大的吻。

妈妈嫌弃地擦了擦脸上的口水，对何包说：“去把蛋糕拎过来，在冰箱里呢。”

何包一听还有蛋糕，更加激动了，立刻冲到冰箱旁边，把蛋糕拿了出来。他打开蛋糕盒子，奇怪地说：“妈妈，这是个什么蛋糕啊？”

妈妈边端菜边说：“就是‘破蛋日’蛋糕啊，我和爸爸帮你挑的，是不是很棒？”

何包郁闷地说：“不好看。”

这时候妈妈刚好端着菜来到餐桌边，看到这个蛋糕也惊呆了，赶紧大声叫何包爸爸过来：“你过来看看，你买的这是什么啊？”

爸爸一头雾水地走过来说：“给儿子买的生日蛋糕啊！”

他仔细一看，忍不住笑了，原来蛋糕上面放的不是鸡蛋形状的奶油，而是两颗煮鸡蛋。

“这，这可不怪我啊，我看那招牌上的照片可好看了。”爸爸无辜地说。

“不怪你，不怪你，”何包笑着说，“图片仅供参考嘛，我就从来没在牛肉面里吃出过牛肉。”

一家人笑了一会儿，就坐下来一起吃饭。何包东瞧西看，似乎有些心不在焉。

妈妈见他没心思吃饭，笑着说：“老公，快把礼物拿出来吧，不然你的宝贝儿子会着急的。”

何包一听有礼物，马上放下了筷子。爸爸跑到卧室，很快抱着一个大盒子出来了。

“何包，生日快乐！”爸爸妈妈异口同声地说。

何包接过礼物，迫不及待地拆开了包装。

“我太高兴了，居然是一幅拼图！”何包激动极了，他早就想买这款玩具，可是爸爸当时说他还没有能力拼这么复杂的拼图，所以一直没有给他买。

“何包长大了，爸爸妈妈相信，你这么聪明，一定可以独立完成拼图。”爸爸鼓励他。

何包点点头，对爸爸妈妈说：“我觉得，用不了几天，我就能把拼图给拼出来。”

吃完饭后，何包就迫不及待地拆开拼图包装拼了起来。之后每天写完作业，他就开始研究图纸，分析安装的过程。要知道，这可是一项非常浩大的工程，要是不小心把某一个地方拼错了，就得拆开重新拼。总之，何包一步都不能错。

“进行得怎么样了？”已经晚上十点了，爸爸见何包还不去睡觉，就过来问。

“还可以吧，总体非常顺利。”何包说。

“来，让我帮你看看有没有拼错的。”爸爸坐在何包的跟前，仔细地观察起这幅拼图。他看了一会儿，就严肃地说：“小包子，我觉得你这个地方拼错了。”

爸爸指着拼图上的一个地方说：“你看这里，颜色明显不搭，肯定是拼错了。”

何包仔细一看，发现自己确实拼错了，有些郁闷地说：“哎，白花了我三天时间，还得拆开重新拼。”

他刚动手拆了一点点，又突然停下来，对爸爸说：“不过是一幅拼图而已嘛，错了就错了吧，我都拼了这么多了，要是拆开多麻烦啊。算了，就这样吧。”

爸爸意味深长地说："你可要考虑好啊。现在很晚了，你先睡觉，明天再决定吧。"

何包躺在床上，一方面想完成一幅完美的拼图，一方面又不想拆掉之前拼好的。他想来想去，有了一个好主意：让爸爸来拼。

第二天一早，何包就从床上爬起来，来到爸爸妈妈的房间，在爸爸身边撒娇："爸爸，我觉得这幅图有必要重新拼，但是我有一个好主意，你要不要听？"

爸爸笑着说："什么好主意？"

"就是由你来拼，这样就不用浪费我的时间了。"何包嬉皮笑脸地说。

没想到爸爸毫不犹豫地说："不行，何包，我不可以帮你拼。"

"为什么？"何包有些不高兴了。

"因为这是你想买了很久的拼图，我帮你实现了愿望，你要好好珍惜。而且你享受的是拼图的过程，不是拥有一幅完整的拼图。如果你总怕麻烦，把事情丢给我，我想你永远也不会长大。"

何包郁闷地离开爸爸身边，回到自己的卧室，往床上一躺。

一开始，他是准备放弃拼图的，可是他想了一会儿，觉得这是自己期盼了很久的拼图，如果就这么轻易放弃了，有点可惜。

于是他坐了起来，看着地上的拼图发呆。到底要不要重新拼呢？他陷入了沉思之中。

想了一会儿，决定还是重拼。他把每一块拼图都按照顺序摆好、安装，进度并没有他想的那么慢。仅仅用了半个小时，他就已经完成了开头，看起来一切都很顺利。

爸爸过来的时候，看到何包正在重新拼，欣慰地笑着说：“看来何包真是长大了。”

何包日记

一开始我是非常喜欢那个拼图的，也想独立完成，后来爸爸发现有个地方拼错了，这让我十分郁闷。我想了半天，准备把这个烫手的山芋丢给爸爸。但是被爸爸教育了一顿之后，我最终决定还是自己重新拼。爸爸说得对，把事情丢给他，我是不会长大的。

第15章

撒谎的何包

乐乐要过生日了，小伙伴们约好一起去给他庆祝，可是何包知道外面下雨之后，就想让妈妈帮自己撒谎。

明天是星期六，又是乐乐的生日。几个小伙伴早就约好要一起聚餐，何包还专门给乐乐买了礼物。

周五晚上，突然下起了小雨，何包缩在被窝里，听着外面的雨声，很久才睡着。第二天他醒过来的时候，已经是九点多了，而且雨下得很大，他不太想起床，就一直在被窝里呆着。

到了十点钟，见何包还不起床，妈妈就推开门进来，大声说："何包，都几点了，你怎么还不起床？"

何包用被子蒙住头，不耐烦地说："哎呀，大周末的，我想睡个懒觉不行吗？"

妈妈说："你不是和同学约好了去给乐乐过生日吗？"

何包说："虽然是约好了，但是现在雨这么大，我不太想去了。"

妈妈说："那怎么行？你怎么能言而无信呢？答应同学的事情，怎么能不做到？"

何包生气地说："这么大的雨，万一我出去被淋湿了，感冒了怎么办？好了，你不要再唠叨了！"

说完，何包就不再出声。妈妈没办法，只好退了出去。

不一会儿，客厅里的电话响了，妈妈接起来，原来是大壮打来的，问何包已经出发了没有。何包妈妈无奈地说："何包还没起床呢。"

电话那头的大壮着急地说："都十点多了，他怎么还不起？这马上就要集合了呀。"

何包妈妈无奈地说："我也没办法，刚才催他了，可他就是不起床。"

大壮也没办法，只好挂断电话。

妈妈挂断电话，又来到何包的卧室，跟他说刚才大壮打来了电话。何包着急地问："你是怎么说的？有没有给我编个借口，说我生病了，或者什么的。"

妈妈大声说："你自己言而无信，我为什么要替你说谎？"

何包着急地说："那你不帮我撒谎，乐乐一定会不高兴的。"

妈妈说："那你说乐乐是为什么不高兴？"

何包小声说："因为我说去给他过生日，却没有去呗。"

妈妈说："那到底是谁告诉乐乐要去给他过生日的，是我吗？"

何包小声说："不是，是我自己说的。"

妈妈又说："既然你说要去，为什么又不去？"

何包狡辩道："我是想去的，可是外面下雨了，要是把我淋感冒了，还得麻烦你照顾我。为了减轻你的负担，我才说我生病的。"

妈妈说："不要狡辩，你就是言而无信。"

何包说："只要你帮我撒个谎，不就没这么多麻烦了？"

妈妈大声说："我可不能惯你这毛病，以后如果你觉得有什么事情做不到，就不要轻易许诺别人。"

得知何包宁可在家睡懒觉也不愿意来给自己过生日，乐乐十分郁闷，就拨通了何包家的电话。这次是何包接的，何包听出是乐乐打来的电话，害怕他埋怨自己，就故意咳嗽了几声，假装感冒了。

乐乐听出何包是在装病，就挂断了电话。星期一，乐乐到了学校，他也不理何包。何包几次主动跟乐乐说话，乐乐都没有任何反应。

何包急了，就说："乐乐，你怎么不理我呀？"

乐乐冷冷地说："我不想跟不守信用的人说话。"

何包小声说："我没有不守信用啊！"

乐乐说："明明约好了来给我过生日，你却在家睡懒觉，还假装感冒了，你还说这不是不守信用？"

何包哑口无言，一整天都闷闷不乐的。他想来想去，觉得都是因为妈妈不帮自己撒谎，才导致自己和好朋友闹掰的，说到底，都是妈妈的错。

下午放学回家后，何包气呼呼地进了门，把书包往床上一扔，就来到妈妈面前说："妈妈，都怪你，今天我和乐乐吵架了。”

妈妈一脸无辜地说：“真是人在家中坐，祸从天上来啊！跟我有什么关系？”

何包生气地说：“都是因为你不帮我撒谎。现在乐乐知道我是装病，知道我为了睡懒觉故意不去给他过生日，他现在都不理我了。”

妈妈说：“小包子，你怎么不讲道理呢？请你告诉我，是谁答应乐乐要去帮他过生日的？”

何包说：“是我。”

妈妈又说：“那又是谁偷懒不起床，假装自己生病的？”

何包低下了头说：“还是我。”

妈妈说：“所以啊，乐乐不理你，都是你自己造成的，为什么要把罪名扣在我头上？我只是你的妈妈，可不是你的佣人。”

现在，何包也意识到了自己的错误，有些羞愧地说：“妈妈，你说得对。那现在乐乐不理我了，我该怎么办？”

妈妈说：“如果我是你的话，我就会给乐乐打电话，向他道歉，请求他的原谅。”

何包忸怩地说：“我不太好意思开口道歉。”

妈妈说：“难道你想让你的朋友就这么一直不理你吗？我觉得如果你不道歉的话，他是不会原谅你的。”

何包想了想，觉得朋友比面子重要，就同意给乐乐道歉。在电话里，他承认自己撒谎不对，并保证以后不会再撒谎，终于取得了乐乐的原谅。

挂断电话之后，何包似乎松了一口气。妈妈见他放松了一些，又说："何包，你知道妈妈为什么不愿意帮你撒谎吗？"

何包摇了摇头。

妈妈说："因为撒谎是一种非常不好的行为。如果我帮助你撒谎，就是在害你。希望你能明白。"

何包先摇了摇头，又点了点头，似乎明白了妈妈的话。

何包日记

本来我是很想去给乐乐过生日的，可是我不想被雨淋成落汤鸡，就想让妈妈帮我撒谎，却被妈妈无情地拒绝了。现在想想，妈妈是对的，我自己的错误就要自己承担后果，不能让她来背黑锅。幸好我及时道歉，才得到了乐乐的原谅。

第16章

校园厨艺达人

何包通过抓阄，抓到了去参加厨艺达人大赛的机会。他想让妈妈帮自己做菜，却被妈妈拒绝了。

快放学的时候，燕子老师激动地在班里宣布了一个消息：“同学们，最近学校要举办厨艺达人大赛，希望大家踊跃报名。”

同学们一听，都十分激动，觉得这是展现自己厨艺的好机会，有几个同学甚至已经开始列参赛的菜名了。不过何包一点儿都不激动，因为他只喜欢吃美食，却不喜欢做美食。

燕子老师示意大家安静下来，又说：“为了公平起见，咱们抓阄来决定谁来做咱们班的代表。”

燕子老师拿出一个小箱子，开始让大家轮流从里面抽出一张小纸条。

轮到何包的时候，他随手一抽，打开一看，忍不住抱怨

起来，因为他抽的纸条上写的是“参加”两个字。

“哇，何包，你真是太幸运了！”大壮叫起来。

见何包抽到了参赛资格，同学们都十分羡慕。就连娇娇都忍不住说：“哇，何包，你真是走了狗屎运！”

“你想参加？我很大方的，这纸条给你！”何包并不想参加比赛，他大方地拿起纸条，准备给娇娇。

“真的吗？”娇娇看起来十分惊喜。娇娇刚要接过纸条，燕子老师就走了过来，严肃地说：“不能这么做，否则我们这次抓阄还有什么意义。何包，你回去好好准备一下，代表我们班去参加比赛。”

放学后，何包垂头丧气地回到家，对妈妈说：“我太难了！”

妈妈问：“怎么了？考试没及格？”

何包摇摇头说：“不是，比考试不及格还要悲惨。学校要举办厨艺达人大赛，我也不知道怎么就这么点背，抽到了参赛资格。”

妈妈高兴地说：“真的吗？那太棒了，我可以把我的烹饪秘诀传授给你。只要你听我的，一定能拿个大奖。”

何包可不想参加什么厨艺大赛，他开动脑筋，终于想出了一个好主意：“妈妈，干脆你做一道菜让我拿到学校去吧！”

妈妈说：“虽然我很想让你拿到第一名，但是我不会帮你作弊的。”说完，妈妈转身离开。

何包非常无奈，只能默默地接受命运的安排。他想：反正我只要参赛就行，也不用得第一名，不如就做一道最简单的菜好了。他想来想去，最终决定做一道西红柿炒鸡蛋。想好之后，他就去请妈妈帮忙，让她教自己。

按照妈妈的指导，何包把油倒进锅里。随着油温的增高，锅里的花生油发出了“滋滋”的声音。妈妈对何包说：“儿子，油热了，快把鸡蛋液倒进锅里！”

何包连忙把之前打好的鸡蛋液倒进锅里。可是他的速度太快，倒进去的鸡蛋液把油溅了出来，有几滴落到了他的手上。何包发出一声尖叫，差点把房顶震塌。

妈妈无奈地说：“别叫了，我做饭的时候经常被烫，也没像你这样。”

何包噘着嘴说：“咱俩能一样吗？你皮糙肉厚的，我细皮嫩肉的。”

妈妈头上燃起了一团火：“何包，你说谁皮糙肉厚？”

何包见状，赶紧低声下气地说：“是我，是我还不行吗？我皮糙肉厚，我是头猪。”

妈妈想了想，觉得不太对劲：“你是头猪，那我是你的妈妈，我是什么？”

何包赶紧转移话题，说：“妈妈，这些都是细节，不要在意，你还是快点教我做菜吧！”

妈妈说：“赶紧翻炒鸡蛋。”

何包撇撇嘴：“做菜怎么这么难啊！”

妈妈说：“不要抱怨了。看着点儿锅，这鸡蛋都快糊了。”

何包一看锅里，发现鸡蛋真的糊了。他赶紧拿起铲子翻炒，可还是有一部分鸡蛋糊了。妈妈没办法，只好把糊鸡蛋倒进了垃圾桶。

“妈妈……”何包欲言又止，他觉得浪费鸡蛋很不应该。他不想再浪费食材，就决定下一次小心一点。

这一次，他等到锅烧热了之后，缓缓地把鸡蛋液倒了进去，然后迅速翻炒。这一次，油没有溅出来，鸡蛋也没有糊，颜色焦黄还很好看。等到鸡蛋差不多熟了，他就关掉火，把鸡蛋盛了出来。

“这一次进步很大，只是你翻得太早了，鸡蛋有点碎。”妈妈说。

得到妈妈的鼓励，何包非常高兴，他决定一鼓作气，于是重新炒了几个鸡蛋。这一次，他等到鸡蛋稍微定型了再翻炒，鸡蛋没有焦，而且大小也合适。

“好了，把鸡蛋盛出来，然后把西红柿放进去炒一会儿。最后，把鸡蛋倒进去一起翻炒。”妈妈叉着腰，像个指点江山的将军。

“是，长官！”何包恭敬地说。

终于，在妈妈的指导下，一盘西红柿炒鸡蛋出锅了。

妈妈闻了一下，竖起大拇指说：“儿子，这一份做得非常不错，可以作为我们今天的晚饭。”

吃着自己做的西红柿炒鸡蛋，何包非常有成就感。他甚至已经开始想象自己在厨艺达人大赛上取得第一名的场景了。

比赛那天，何包做了一道西红柿炒鸡蛋。等大家做完之后，何包才发现，大家的手艺真的太棒了，有人做了红烧肉，有人做了可乐鸡翅。跟他们的菜一比，何包觉得自己做的西红柿炒鸡蛋实在是太普通了。最后，何包得了一个优秀奖。优秀奖是所有参赛的同学都能拿到的。

回到班级后，何包有些羞愧，他对燕子老师说：“老师，我只得了一个优秀奖……”

燕子老师说：“这说明你很优秀啊，老师为你骄傲，同学们也为你高兴，对不对？”

同学们一边鼓掌一边异口同声地说：“何包，你真棒！你是我们心中的厨艺达人。”

何包日记

参加这次厨艺达人大赛，一开始我是拒绝的。后来我又想偷懒，让妈妈帮我做，却被妈妈拒绝了。我没有办法，只好在妈妈的指导下开始做西红柿炒鸡蛋，才发现其实也没有我想象的那么难。如果我什么都靠妈妈，只怕什么都学不会呀！

学习可以很快乐

张海君◎编著

商务印书馆国际有限公司
中国·北京

图书在版编目（C I P）数据

学习可以很快乐 / 张海君编著 . -- 北京 : 商务印书馆国际有限公司 , 2020.6
（成长励志系列）
ISBN 978-7-5176-0740-3

Ⅰ . ①学… Ⅱ . ①张… Ⅲ . ①学习心理学－少儿读物
Ⅳ . ① G442-49

中国版本图书馆 CIP 数据核字 (2020) 第 081709 号

XUEXI KEYI HEN KUAILE
学习可以很快乐

编　　著	张海君
责任编辑	桑丛丛
封面设计	君阅书装
出版发行	商务印书馆国际有限公司
地　　址	北京市朝阳区吉庆里 14 号楼 佳汇国际中心 A 座 12 层
邮　　编	100020
电　　话	010-65592876（编校部） 010-65598498（市场营销部）
网　　址	www.cpi1993.com
印　　刷	三河市祥达印刷包装有限公司
开　　本	880mm × 1230mm　1/32
字　　数	62.4 千字
印　　张	3
版　　次	2020 年 7 月第 1 版第 1 次印刷
书　　号	ISBN 978-7-5176-0740-3
定　　价	90.00 元（全 5 册）

PREFACE

前言

随着孩子一天天长大，父母的烦恼也与日俱增：曾经天真烂漫的孩子，如今却叛逆心重，经常和父母对着干。作为父母，如何做好孩子人生路上的引路人？如何让孩子懂得感恩，懂得尊重父母呢？

在生活中，会有那种特别独立的孩子，当然，也会有什么事都依赖父母的孩子，这两种孩子是由于家庭教育的不同所造成的。作为家长，一定不要宠溺自己的孩子，因为你只能陪他走一程，不能陪他走一生。在陪伴孩子的时候，你要尽量让他自己学会独立，给他多一些尝试的机会。当发现孩子对某一事物特别感兴趣时，你千万不要扼杀他的兴趣，而要给予他正面的鼓励，他才会变得越来越好、越来越独立。

尊重他人，对于每个人来说都至关重要。对于孩子来说，更是如此。只有教孩子们学会了尊重他人，他才有被别人尊重的资本。

孩子的成长离不开父母的引导，也离不开书籍的陪伴。一本带有启迪性的好书，更容易将孩子引上正途。对此，家长们也是乐见其成的。因此，对作者来说，编写一套有教育意义又

能把正确的世界观、人生观和价值观涵盖进去的课外读物是非常重要的一件事。

中国教育部也非常关注少年儿童的心理健康和思想教育，多次修改教育大纲，也是为了让少年儿童更加出色。作者也正是秉承这一宗旨，为成长期的孩子量身打造了这套丛书。

这套丛书根据少年儿童的心理特点，以主人公何包的故事为核心展开叙述，主题多样。这些故事真切地发生在少年儿童的学习和生活中，给人身临其境的感觉。为了让这套丛书的可读性更强，作者不仅将少年儿童成长中的故事和真实发生的事例相互融合，而且邀请了优秀的插画师为本丛书绘制插画，让小读者在阅读过程中有更加直观的感受，更好地理解故事中所蕴含的意义。

在阅读这套丛书的过程中，小读者一定可以和主人公一起进步，从何包的故事中学会明辨是非、学会独立、学会学习、学会控制情绪、学会负责……

轻松幽默、富有教育意义的故事，不仅可以让孩子们从中学到优秀的品质，还可以帮助孩子们树立正确的世界观、人生观和价值观。

张海君

主要人物介绍

何包：男孩，活泼开朗，乐于助人，因为平时非常喜欢吃荷包蛋，所以有了“荷包蛋”的绰号。

娇娇：女孩，班长、学习委员，学霸，做事一板一眼，喜欢管教别人，有“公主病”。

乐乐：男孩，何包的死党，学习成绩好。

大壮：男孩，身体壮实，喜欢运动，体力超强。

文曲星：男孩，胆小怕事，做事总是小心翼翼，喜欢读书，爱幻想，易纠结。

吉姆：男孩，英国小朋友，跟随父母来中国，是插班生，典型的小绅士，颇受娇娇的喜欢。说着蹩脚的中文，经常被何包戏弄。

都美丽：女孩，绰号“肉嘟嘟”，娇娇的小跟班，典型的吃货、小胖妹。

燕子老师：班主任，兼语文老师，善良温柔，有时候也会暴走，变得非常凶。

高老师：数学老师，男，严厉。

钱老师：英语老师，女，温柔。

顾老师：体育老师，男，严厉。

何包妈妈：急性子，说话大嗓门，就算正常说话都好像要跟人吵架似的。最擅长“咆哮式”育儿方式，只要何包不听话，上来就是一顿吼。

何包爸爸：天津快板的狂热爱好者，不过是个慢性子，做什么事都不着急，就算遇到火烧眉毛的事情也能喝完一壶龙井茶再去办。

何包爷爷：戏曲老师，已退休，目前的人生理想是将何包培养成优秀的戏曲家。

目录

CONTENTS

CONTENTS

目录

第1章

独特的朗诵比赛

为了激励同学们背诵课文，燕子老师想出了一个好办法，就是让两人一组，到讲台上来朗诵课文。那何包会有怎样的表现呢？

在老师布置的作业中，何包最头疼的就是背诵课文。对他来说，让他背诵课文比让他跑1000米还要难受，所以，每次老师要求背课文，他都会抱怨半天。

“你说同样都是名人，做人的差距怎么就这么大呢？”何包嘀咕道。

大壮疑惑地问：“你说什么呢？”

何包说：“你就说马克思和屈原吧。马克思给我们留下了啥，一大堆要背的东西；而屈原呢，给我们留下了三天假期。要我说，还是中国人知道心疼中国人呀！”

大壮大笑着说：“我发现吧，你搞这些歪理邪说一套一套的，背课文的时候怎么没见你精力这么旺盛呢？你每次背诵课文都是磕磕巴巴，背完一篇课文感觉要一个世纪那么久。”

何包翻了个白眼说：“你不要造谣，我只是背得慢而已，哪有你说得那么夸张？”

见何包不承认，大壮也不跟他争辩，回到自己的座位上去了，只留下何包继续头疼。

下一节是语文课，今天要讲第13课《少年中国说》。何包翻开课本，见后面写着“背诵全文”，忍不住叹了口气。

“丁零零——”

上课铃响了，燕子老师拿着课本走了进来。她把课本放在讲桌上，笑着对大家说：“同学们，我们今天学习第13课《少年中国说》。有的同学可能已经预读了这篇课文，也知道这篇课文是要求背诵的。不过我们今天换一种方法，不让每个同学单独背诵，而是两人一组，一人一段。到时候到讲台上来朗诵，至于怎么分组，由你们自己决定。下课后去娇娇那里登记一下就可以。”

听到燕子老师的话，何包一时间有些没反应过来，傻傻地问：“那太好了，是不是只背一半就可以了？”

燕子老师笑着说：“不是哦。到时候会由我指定谁先背，如果你只背一半，很可能会影响你们组的成绩。”

何包想了想，这好像也没有减轻自己的负担，忍不住又叹了口气。燕子老师见他垂头丧气的样子，笑着说：“何包，如果你们在朗诵中获胜，是有奖励的。具体是什么奖励，暂时保密。”

下课后，大壮神神秘秘地凑过来，对何包说：“咱俩一组吧，怎么样？”

何包有些为难地说："你的成绩那么差，我怕影响我呀。"

大壮不高兴地说："你还嫌我成绩差，我都没嫌弃你脸皮厚呢。你背起课文来那么痛苦，就像便秘一样，我都没有嫌弃你拉低我的成绩。"

何包想了想，说："咱俩谁也别嫌弃谁，就组一组得了。你去娇娇那里报名吧。"

大壮跑到娇娇那里，说自己和何包一组。这件事就这么定了。

下午放学后，何包刚准备回家，就被大壮给拉住了。大壮说："等会儿，咱俩先把课文读两遍再走。早点背下来，争取在朗诵中获胜，拿到燕子老师给的神秘奖励。"

何包想了想，到底还是神秘奖励的诱惑力比较大，就同意了。于是两个人一起背诵了课文，并约定晚上回家之后，把前两个自然段背下来，明天要背给对方听。

何包回家之后，赶紧把作业写完，然后就开始背课文，因为他不想明天被大壮笑话。大壮也是一样，害怕被何包笑话，所以督促自己努力背。第二天两个人见面的时候，都能十分流利地把前两段背下来了。两人不由得十分高兴，决定一鼓作气，晚上再把第3段背下来。

就这样，何包和大壮用了两个晚上就把这篇课文背了下来。然后，他们就努力多背几遍，背得流畅自如，同时焦急地等待着燕子老师举办的朗诵比赛。

终于，在下一节语文课的时候，燕子老师笑着说："咱们已经把《少年中国说》学完了，我想大家应该也都背下来

了。现在，咱们就开始进行朗诵比赛，哪一组先来呢？”

虽然何包已经把课文背得滚瓜烂熟，可现在心还是怦怦直跳，他觉得自己的心已经脱离了他的身体，挣脱了他的“魔爪”。他想：我会不会忘记课文内容呢？我会不会在同学们面前丢脸呢？

燕子老师见没有人主动举手，就说：“既然没有人自告奋勇，那我就随便挑了。何包和大壮，你们俩先来吧，何包先背。”

带着怦怦直跳的心，何包和大壮一起走上了讲台，背诵起了已经背得滚瓜烂熟的文章。何包觉得，原来那颗脱离了自己身体的心，一下又回到了身体里。此刻他十分平静，从容地背诵起了课文，声音洪亮，富有激情。

背诵完之后，燕子老师和同学们给他们精彩的背诵献上了热烈的掌声。这一刻，何包突然觉得课文也没那么难背，奖励也没那么重要了，因为他在学习中体会到了快乐。

何包日记

对我来说，背诵课文是一件非常头疼的事情，我花费很多时间却背不下来。然后，我就失去了信心，对背诵课文产生了畏难情绪。不过这次燕子老师想出了让我们合作背诵课文的方法，我觉得很有意思，所以很轻松地就背了下来。

第2章

数学课上的射击比赛

在数学课上，高老师突然提出在班里举办射击比赛的建议。这可让何包乐开了花，他觉得，没有人能够在射击方面超过自己。

下一节是数学课，因为高老师平日里比较严厉，所以课间都没有人打闹，同学们都早早坐在座位上，等着高老师进来。还没等到上课铃声响起，高老师就进来了，还一反常态地笑着对大家说：“学校倡导大家德智体全面发展，所以今天这节课，我想在班里举办一次射击比赛，怎么样？”

同学们听后立刻高声欢呼起来。其中，数何包和大壮叫的声音最大，因为他们觉得自己是神射手，像这样的比赛，一定是稳拿第一。

高老师等大家安静下来，又接着说：“咱们地方有限，就在讲台上举行吧。规则是这样的，我在讲台上放一个垃圾桶，准备10个小纸团，参赛的同学拿着这10个小纸团往垃圾桶里扔，谁扔进去的最多，谁就获胜。怎么样？”

同学们都大声说：“同意。”

就这样，比赛开始了。包括何包和大壮在内的10个同学主动要求参加比赛，其他同学在一旁观战。

大壮觉得自己水平很高，所以主动要求第一个参赛。没想到，他太过骄傲了，只投进了6个。

何包见大壮才投进去了6个，嘲笑道：“大壮，你这技术也太差了，也就是刚刚及格的水平。”

大壮不服气地说：“先别急着笑话我，看看你投的结果再说。”

何包得意地说：“我保证能够全投进去。”结果，他也只投进了7个，只比大壮多1个，这下他也不好意思嘲笑大壮了。

接下来，参赛的选手轮流往里投，最后获胜的居然是文曲星，他投进了8个。

比赛结束后，高老师把比赛的结果写在黑板上，然后对大家说：“最后的结果已经出来了。那大家想不想知道，怎么来评价大家的射击水平呢？”

大壮大声说：“谁投中的多，谁就赢了呗。”

高老师笑着说：“你这么说也有道理，不过这里我们要引进一个新名词，就是命中率。它的计算方法就是用命中的次数除以总数。比如大壮同学，一共投了10次，命中了6次，所以命中率就是60%。”

大壮听到老师的话，不好意思地低下了头。老师又说：“那文曲星的命中率应该怎么计算呢？”

乐乐说："8除以10，乘以100%，就是80%。"

高老师赞许地看了乐乐一眼，说："没错，就是这么计算的。"

其他同学见问题这么简单，都期待地看着高老师，希望能够回答问题。

接着，高老师清了清嗓子，又说："比如植树节那天，我们班种下70棵树，成活了65棵，这里就要引入一个新的名词，就是成活率。同学们猜一猜，这个成活率应该怎么计算？"

吉姆大声说："65除以70，乘以100%。"

高老师笑着说："看来大家对命中率和成活率这两个概念都有了比较清晰的理解。现在我再问大家一个问题，咱班一共有32个同学，今天有一位同学请假，那这个出勤率应该怎么计算呢？"

都美丽说："就是1除以32，乘以100%呗。"

高老师笑着说："这个问题需要好好思考一下再回答。听清楚，有一位同学请假，那有几位同学出勤了呢？"

都美丽说："31位。"

高老师又说："那这个出勤率应该怎么计算？"

都美丽说："就是31除以32，乘以100%，对吗，老师？"

高老师竖起大拇指，说："没错，就是这么计算的。我想这一节课要讲的主要内容，同学们已经掌握了。但是我还有一个问题，要请大家思考一下。你们有没有想过，我为什么要在班里举办射击比赛呢？"

同学们纷纷开动脑筋开始思考。这时，何包突然想起自己经常拿着粉笔和纸团跟大壮打闹，扔得地上到处都是；还有很多同学懒得走到垃圾桶边去扔垃圾，就从远处往里头投，经常让垃圾桶旁边撒满垃圾。他站起来小声说："老师，我知道原因了。"

高老师笑着说："来，你给大家讲讲。"

何包羞愧地说："因为我们经常在班里用粉笔和纸团互相攻击，扔得地上到处都是垃圾。还有一些同学总是懒得走到垃圾桶旁边扔垃圾，而是从远处投射，导致垃圾桶旁边撒满了垃圾。"

娇娇也站起来说："老师这么做，是希望我们近距离地靠近垃圾桶扔垃圾，不要再把垃圾扔到垃圾桶外面。"

高老师赞许地说："不错。今天这节课，给大家讲知识是一方面，让大家学会爱护班里的卫生是另一方面。大家也看到了，我们的命中率还不高，所以以后还是要走到垃圾桶边扔垃圾吧！"

同学们听了高老师的话，都哈哈大笑起来。

何包不由得竖起大拇指，赞许地说："不愧是高老师，教学水平实在是高呀！"

大壮见何包拍高老师的马屁，也不甘示弱，说："老师，您的方法简直太棒了。要是所有的课程都按照这个方法来讲，我一定能考高分。"

高老师笑着说："老师会尽量让课程变得有趣，提高你们的兴趣。不过要是所有的课程都这样讲，我觉得还是有点难度的。"

大壮宽容地说：“老师，我看好你。我的数学成绩可就靠你啦！”

高老师笑着说：“那老师可觉得有点‘亚历山大’呀！我只能说尽量。”

何包也笑着说：“我也看好你！”

何包日记

在数学课上进行射击比赛，这还是我第一次遇到。高老师利用一个这么简单的游戏，就让我们轻松学会了命中率、成活率和出勤率的计算方式。我记得倒是挺牢固的，唯一的遗憾是居然输给了文曲星，我对此表示不服。

第3章

神奇的“吃甘蔗记忆法”

何包跟着妈妈去超市，买回了一些甘蔗，竟然在吃甘蔗的时候发现了一个新的学习方法。这到底是个什么方法呢？

周六下午，何包在家里背诵课文。今天他要背诵的是《白鹭》这篇课文，整整两个小时，他一直在朗读、背诵，却还是没有背下来，感觉头都大了，真是度日如年。

这时妈妈突然敲门进来，对何包说：“小包子，妈妈要去超市买东西，你有没有什么需要带的？”

听说妈妈要去超市，何包立刻蹦了起来，对妈妈说：“妈妈，我都背了一下午了，让我休息一会儿吧。不如这样，让我当你的小骑士，护送你去超市，怎么样？”

妈妈说：“外面刮风呢，你别去了。万一把你刮跑了，我还得费心找你。”

何包嬉皮笑脸地说：“妈妈，你这么胖，我只要牢牢抓住你，就不会被风吹走，你放心好了。”

听何包说自己胖，妈妈气得火冒三丈。何包见势不妙，赶紧先溜出门，免得妈妈把自己撵回去。没有办法，妈妈只好带他一起来到了超市。

超市里的商品琳琅满目，何包看得眼睛都花了。他看看这个，摸摸那个，什么都想买，又怕被妈妈拒绝，只好偷偷地咽口水。

走到水果区，何包看到了很多甘蔗，就想让妈妈买一根。为了避免妈妈拒绝，他决定想一个好办法。于是他坏笑着说：“妈妈，你说我不爱学习，这是不是一种病？”

妈妈一边翻看商品上的生产日期，一边心不在焉地说：“是啊。”

何包又说：“那有病是不是就得治疗？”

妈妈说：“是啊。”

何包急忙说：“妈妈，我觉得吃甘蔗就能治疗。”

妈妈平静地说：“我也这么觉得。你要是好好学习，就内服；不好好学习，就外用。你看怎么样？”

何包干笑了几声，才说：“妈妈，那我的病好了。我还是不吃甘蔗了。”

妈妈笑着说：“你都开口了，我自然得满足你。走，去挑一根。”

到家之后，何包美滋滋地啃起了甘蔗，一边啃还一边说好吃。

妈妈一边忙着做晚饭，一边笑着说：“我说小包子，你要是能拿出吃的一半心思用在学习上，准能考第一。”

何包撇着嘴说："妈妈，你能不能别老打击我？别看我表面上是在吃甘蔗，实际上我在思考学习方法呢！"

妈妈疑惑地问："真的吗？那你说说你想出什么方法了？"

何包急中生智，对妈妈说："我给这个方法起了一个好听的名字，叫'吃甘蔗记忆法'。"

妈妈说："这我倒没有听说过，你说说看。"

何包傲娇地说："妈妈，你看，我不是最头疼背课文吗？我可以把一篇课文想象成一根甘蔗，每一段就是甘蔗的一节。我一段一段地背，就像一节一节地吃甘蔗一样，是不是就能把课文背下来了？"

妈妈一听，觉得何包说得有点道理，就说："那行吧，你一会儿背一篇课文给我看一下。如果真的有效，妈妈会给你奖励的。"

一听有奖励，何包两眼都放光了，赶紧丢下手里的甘蔗，冲回了房间。他拿出课本，翻到《白鹭》这一课，开始一段一段地背诵。没想到短短的半个小时之后，他就把课文背了下来，这可是以前从来没有出现过的。这让他十分兴奋，何包赶紧拿着课本跑到客厅，对妈妈说："妈妈！"

妈妈正在看电视，被他的叫声吓了一跳，赶紧问："怎么了，小包子？"

何包得意地说："下面请欣赏何包为您表演的课文朗诵——《白鹭》。"

说完，他就把课本塞到妈妈手里，热情洋溢地背了起来。妈妈一边听他背课文，一边核对内容，发现他背得一字不差，忍不住竖起大拇指说：“不错，小包子，居然一个字都没背错，妈妈给你点赞。”

何包得意地说：“那当然。我独创的‘吃甘蔗记忆法’是不是还挺厉害的？不过妈妈，我有一个想法。”

妈妈问：“什么想法？”

何包狡猾地说：“你看，我刚吃了一节甘蔗，就想出了这么好的办法，说明美食对我的学习有很大的用处。不如这样吧，你多给我买点好吃的，也许我就能想出更多的好办法，那学习成绩一定会像坐了火箭一样向上升。”

妈妈思考了一会儿，才说：“我觉得你说的也有一定道理。”

何包激动地说：“妈妈，那你想好给我买什么了吗？”

妈妈缓缓地说：“我再给你买两根甘蔗吧！你顺便把别的科目也背一背！”

何包日记

原本我背课文背得十分头疼，所以听说妈妈要去超市，就跟着去了。在超市里，妈妈给我买了一根甘蔗。我一边吃甘蔗，一边琢磨出了一个背诵课文的方法。我想，下次再想想新的方法，妈妈还得给我买好吃的。妈妈，你要再接再厉呀！

第4章

“滚雪球记忆法”

在和何包一起堆雪球的时候，乐乐为他介绍了一个新的学习方法，叫作“滚雪球记忆法”，这让何包非常感兴趣。

一觉醒来，何包见外面居然开始下雪了，不由得十分激动，匆匆扒了几口饭，就催爸爸快点送自己去上学。爸爸慢悠悠地吃着饭，说：“不着急，不着急……”

爸爸好不容易吃完饭，才开着车送何包来到了学校门口。何包刚下车，就看到都美丽在前面走着走着突然摔了个屁股墩，别提多狼狈了。何包大笑着说：“好像一只北极熊啊……”他的话还没说完，自己也摔到了地上，比都美丽摔得还惨，羞得不敢说话了。

到了教室，何包发现大部分同学还没来，就拉着乐乐出门打雪仗。可是两个人根本玩不起来，没办法，只好玩滚雪球。一开始，雪球只有拳头那么大，后来越滚越大，简直比何包还要高了。何包灵机一动，回教室拿了扫帚和垃圾桶，把雪球打扮成了雪人，美滋滋地说："快来看我的杰作！"

乐乐笑着说："何包，你滚的雪球真不错。要是你能把这个方法用到记单词上，很快，你的英语就能在咱们班所向无敌了。"

何包惊讶地说："真的吗？"

乐乐笑着说："当然了，这种方法非常实用。如果你坚持下来，用很短的时间就能背下大量的生词。"

这下，何包突然产生了兴趣，也不想玩雪了，拉着乐乐回到教室，诚恳地说："那你教教我吧，我想把单词背好，碾压娇娇，不让她每天看不起我！"

乐乐笑着说："只要你按照我的方法做，我保证你能碾压她。"

何包着急地说："快说呀！"

乐乐说："这个方法其实很简单。比如说你背英语单词，如果你今天背了10个，明天又不及时复习，那今天的10个就会忘记大半，只能记住三四个。这样该怎么办呢？为了找回丢掉的那几个单词，你应该在第2天学习单词之前，把今天背的单词再复习一遍，就相当于滚动雪球。第3天背单词之前，再把前两天背过的复习一遍，这样我们不但能够记住新的生词，还能把之前学过的单词记住。最后，你单词的雪球越滚越大，记住的单词自然就越来越多了。"

何包有些难以置信地问："真的吗？记单词真的这么简单吗？每次看到书上那密密麻麻的单词，我感觉头都大了。"

乐乐说："我怎么会骗你呢？这是我亲身实践有效的方

法，一般人我还不告诉他呢。”

何包美滋滋地畅想了自己背下很多单词后碾压娇娇的场景，高兴地说：“那行，我今天就先背10个单词，明天把这10个复习一下，再背10个。我先不告诉娇娇，到时候给她来个一鸣惊人！”

于是，何包破天荒地没有再打闹，而是开始背起英语单词。钱老师来上课的时候，发现何包居然在十分认真地背单词，美丽的嘴巴都张成了“O”形。

坚持了几天，何包就把课后的单词都背下来了，然后得意地来到娇娇面前，对她说：“娇娇，我想向你发出挑战，你敢不敢应战？”

娇娇说：“挑战什么？挑战谁犯的错误多吗？”

何包不高兴地说：“我说娇娇，你怎么能打击我的积极性呢？”

娇娇问：“那你说要挑战什么？要我说，你唯一比我强的地方可能就是跑得比我快。怎么，你是想跟我比赛跑步吗？”

何包说：“不是！”

这下娇娇可觉得奇怪了，她说：“你就这么一个长处，还不跟我比。你是不是学会了什么新技能？”

何包说：“当然不是。我要跟你比赛听写英语单词，看谁记得牢。”

娇娇轻松地说：“好啊，放马过来吧！咱们先找一个裁判。”

同学们一听何包主动去挑战娇娇，都围拢了过来。何包大声说："乐乐，快来呀，过来给我当裁判。我要让你亲眼见证这历史性的时刻。"

于是，乐乐走到他们俩身边，开始给他们听写。看起来何包准备得确实很充分，因为他每次都能迅速把单词写出来，而且全部拼写正确。一共听写了30个单词，何包居然一个都没错，这可是以前从来没有出现过的情况。

乐乐检查娇娇和何包写的单词后，大声宣布："这次一共听写了30个单词，娇娇和何包都拼写正确，两个人打成了平手。"

听到何包能够拼对所有的单词，同学们都对他竖起了大拇指。大壮大声说："嘿，真不愧是我的好朋友，简直给我们差生争光！不过何包，你是怎么记住这么多单词的呢？"

何包故作深沉地说："有这么一句话，生活处处皆学问，你们听说过吗？我之所以能够记住这么多单词，都是因为用了乐乐教给我的'滚雪球记忆法'。在此，我向乐乐表示衷心的感谢！"说完，他还装模作样地鞠了一躬，引得同学们哈哈大笑。

大壮又问："什么是'滚雪球记忆法'呢？"

何包说："就是今天先背10个单词，明天先把这10个单词复习一遍，再背新的，这样知识的雪球越来越大，记住的单词就会越来越多了。现在我已经把英语单词的雪球滚起来了，接下来我会把这个方法推广到语文和数学的学习上。我想用不了多久，我就能成为学霸了。"

大壮幽怨地说："你真的忍心抛弃我这个好朋友，去做学霸吗？”

何包拍拍他的肩膀，安慰他说：“别担心，我会带你一起进步的！”

何包日记

乐乐真是我的好朋友，知道我不乐意记单词，就帮我想了一个“滚雪球记忆法”。我使用了一段时间，就和娇娇在听写单词的时候打成了平手。我想用不了多久，我就能够超越娇娇，成为我们班的学霸。

第5章

猜字谜

燕子老师发现，很多同学在写字方面存在着极大的问题，于是她想出了一个办法——猜字谜，好让大家了解汉字的奇妙之处。

对于很多同学来说，写生字都是一个大难题，因为经常写着写着就“缺胳膊少腿”，变成了“病号”。为了解决这个问题，燕子老师想了很多办法。

一天上课的时候，燕子老师对大家说：“为了培养你们的思维能力，同时也让你们认识到中国汉字的奇妙之处，今天我要带领大家做一个游戏。”

同学们都兴奋地说：“是什么游戏？”

燕子老师笑着说：“就是咱们经常在元宵节做的事情。”

何包大声说：“今天要给我们吃元宵吗？”

燕子老师笑着摇了摇头，说：“今天我们不吃元宵，而是猜字谜。不过如果你们有兴趣的话，我可以奖励猜对的同学一样零食。”

同学们一听有零食吃，更加兴奋了，都摩拳擦掌。

何包大声问：“老师，如果我猜对两个字谜，是不是可以得到两样零食？”

燕子老师笑着说：“当然了，猜对了几个字谜，就能得到几样零食。”

何包兴奋地说：“那就开始吧，老师。我有信心独占这些零食。”

于是燕子老师开始出字谜，第一个字谜是：“一月一日非今天，打一字。”

老师的话音刚落，文曲星就不假思索地回答：“明。”

何包不满地说：“老师，你出的字谜也太简单了，简直就是小瞧我们的智商。”

燕子老师笑着说：“你们觉得出的字谜太简单，是吗？这次来个难点的。一口咬住多半截，打一字。”

何包想了想，多的一半是夕，再加一个口，就是“名”字，所以他毫不犹豫地大声说：“是‘名’！”

燕子老师高兴地说：“没错，何包同学答对了。”

何包答对了题目，心里别提有多美了。其他同学见何包答对了，也纷纷要求老师快点出字谜，好让自己有答字谜的机会。

大壮更是大声说：“快点出下一个字谜吧，老师。我已经迫不及待地要吃好吃的了！”

于是燕子老师又出了一个字谜：“十五天，打一字。”

何包心想：十五天，就是半个月。月半，那就是“胖”

字。想到这里，他狡猾地笑了笑，大声说：“老师，我觉得这个问题应该指定人来回答。”

燕子老师笑着说：“那指定谁呢？”

何包大笑着说：“当然是咱班最胖的‘肉嘟嘟’啦，因为这个字谜的谜底就是‘胖’字。”

同学们听了都哈哈大笑起来。都美丽的脸涨得通红，生气地说：“你个臭荷包蛋，下课看我怎么收拾你！”

燕子老师制止了大家，大声说：“何包同学，虽然你这答对了，但是我不能给你奖励。”

何包不服气地说：“为什么呀？”

燕子老师和气地说：“因为你嘲笑别的同学胖，这是不可取的。我们平日里要团结同学，可不能取笑别人，记住了吗？”

何包叹了口气，心想：为了零食，我也不能笑话“肉嘟嘟”了。

然后，燕子老师又出了一个字谜：“要一半，扔一半。”

这一次大壮非常聪明，他把“要”和“扔”写在纸上，分别拿出其中的一半，发现只能凑出一个“奶”字，就大声说：“是‘奶’！”

燕子老师高兴地说：“大壮同学答对了！看来还是难不倒你们呀，我得出一些高难度的才行。下面这个谜面只有三个字，是二小姐，打一个字。”

这下可把同学们难住了，有人在写着画着，有人在冥思苦想，还有人在嘴里嘀咕着什么。不一会儿，娇娇就胸有成竹地说：“是‘姿’。”

燕子老师笑着说："没错，那你能不能帮大家分析一下，为什么是这个字呢？"

娇娇说："二，就是次的意思；小姐，就是女。次加女，就是姿。"

同学们都恍然大悟，吉姆还竖起大拇指称赞："娇娇真聪明。"

燕子老师笑着说："刚才大家的表现都很棒，但是我还要强调一个问题。比如刚才这个'姿'字，我们都知道，与它同音的还有几个字，如'咨询'的'咨'和'资本'的'资'。哪位同学能给大家解释一下，这几个字有什么不同呢？"

乐乐站起来说："老师，我知道。'姿色'的'姿'一般是形容女孩子的，所以下面是一个'女'字；而'咨询'的'咨'要用嘴说话，所以下面是个'口'字；而'资本'的'资'和金钱有关，所以下面是个'贝'字。"

同学们听完乐乐的分析，都恍然大悟。

"我以前老把这几个字搞混，听乐乐这么一说，我可就能分清楚了。"

"我也是，这下不用担心这几个字不会写了，乐乐说得简单明了。"

……

燕子老师竖起大拇指，笑着说："今天大家的表现都很棒。我之所以要让大家做这个游戏，是想让大家知道，中国的汉字就像一本永远也读不完的宝典，需要我们认真去研究和探索。"

何包大声说："老师，我们已经领悟到了您所说的话的精神，但现在的问题是，您会奖励给我们什么零食呢？"

燕子老师笑着说："夹心饼干吧，怎么样？"

何包兴奋地说："可以可以，我要柠檬味的。老师，咱们什么时候再猜字谜？"

何包日记

今天燕子老师带我们玩了猜字谜的游戏，我猜对了一个，得到了一样零食。不过我觉得更大的收获是，通过猜字谜，我知道了一些字的结构和意思，那我以后写字的时候就不会让它们变成"残疾"，也不会总写错别字了。

第6章

不起眼的标点符号

燕子老师发现，很多同学都不注重标点符号的使用，于是就在课堂上为大家讲了一个故事。这是一个什么故事呢?

燕子老师批改作文的时候，发现很多同学都不注重标点符号的使用，就想在班里强调一下标点符号的用处。为此，她还专门想了一个好办法。

一天上课的时候，燕子老师带着一个大包走进教室，放在讲台上。

见燕子老师拿来一个大包，何包好奇地问：“老师，你是嫌我们不听话要离家出走吗？”

燕子老师瞪了何包一眼，笑着说：“我这个包可有大用途，一会儿你们就知道了。同学们，今天咱上一节特殊的课。在上课之前呢，我要先给大家讲一个故事。”

同学们一听燕子老师要讲故事，都瞪大了眼睛。燕子老师清了清嗓子，开始说：

“明朝有一个著名的画家，叫徐渭。早年他家里比较穷，没有米下锅，他就经常跑到亲戚朋友家去蹭饭。有一天，他去了一个亲戚家，到了之后突然下起了雨。亲戚趁他去厕所的时候，在墙上写了一行字：下雨天留客天留我不留。”

说到这里，燕子老师停顿了一下，问大家：“那大家说一说，这句话该怎么理解呢？”

大壮第一个举手，说：“老师，我认为可以这么理解：下雨，天留客，天留我不留。这是说让徐渭快点走呢！”

何包也举手说：“老师，我觉得大壮说得不对。我认为是这么理解的：下雨天，留客天，留我不？留。这是让徐渭留下来吃饭呢！”

娇娇举起手说：“老师，我的理解是：下雨天，留客天，留我？不留。也就是说，这是让徐渭快点走。”

见娇娇和自己的观点一样，大壮不由得十分得意。

这时候吉姆也举起手来，大声说：“老师，我的理解是：下雨天，留客天，留，我不留？徐渭自己也不知道要不要留下吃饭。”

见同学们讨论得这么热烈，燕子老师笑着说：“大家的观点都有一定的道理，所以我也不能说谁对谁错。我想让大家知道的是，这么短短的一行字，因为标点符号的位置不同，就有这么多种不同的意思，可见，标点符号是非常重要的。可是我们在写作文的过程中，经常不注重标点符号的使用。这样做，对吗？”

同学们都大声说：“不对。”

燕子老师说：“好了，故事讲完了，我们也该进入正题了。今天我要带领大家做一个有趣的实验，大家要仔细观察，根据我的实验写一篇作文。”

说完，燕子老师就打开带来的大包，从里面拿出一个鸡蛋和一把铁锤，然后转身在黑板上写下了“铁锤锤蛋锤不破”这几个字，对大家说：“请认为铁锤锤蛋锤得破的同学举手。”

何包迅速蹦起来，对老师说：“老师，在我做出决定之前，我能先摸摸这个蛋吗？我想知道它是真的鸡蛋，还是一个铁蛋。”

燕子老师说：“好啊，你可以上来摸一下。”

于是，何包走上讲台摸了一下，确定这是一个真的鸡蛋，才转过身对同学们说：“同学们，这是一个真的鸡蛋。”

然后他转身回到自己的座位上，高高地举起了手。

燕子老师清点了一下举手的同学，又说：“好了，现在请认为铁锤锤蛋锤不破的同学举手。”

又有很多同学举起了手，他们认为这个蛋一定有玄机。

见大家都已经做出了选择，燕子老师就说：“好了，现在大家都已经得出了结论。我请一位同学上讲台，用这个铁锤锤这个蛋，看看鸡蛋到底会不会破。”

何包第一时间高高地把手举起来，大声说：“我我我！”

见何包这么积极，燕子老师就点了他的名字。何包兴奋地冲上讲台，拿起铁锤，用力朝着鸡蛋砸下去。只听“啪”的一声，鸡蛋壳破了，蛋液流到了讲桌上。何包心疼地说：

“哎呀，这要是做成荷包蛋该有多美味呀！”

看到鸡蛋被砸破了，猜对的同学开始欢呼。等到他们安静下来，燕子老师才说：“你们想不想知道答案？”

“想！”同学们大喊。

“那你们可要看清楚喽，”燕子老师转过身，给黑板上的那行字加了几个标点，变成了“铁锤锤蛋，锤，不破。”

同学们这才恍然大悟，知道了其中的奥秘。

见大家都明白了，燕子老师才笑着说：“好了，现在大家都已经知道了标点符号的重要性，也看完了我们这个实验。接下来大家就根据今天我们讲的内容，来写一篇作文吧。”

何包哀号道：“哎，砸破了鸡蛋，还要写作文，真是赔了鸡蛋又折兵啊！”

何包日记

燕子老师为了让我们认识到标点符号的重要性，就在讲台上写了一行字，让我们自己选择，还让我上讲台砸了鸡蛋。于是，今天燕子老师浪费了一个鸡蛋，而我们还要写作文，真是郁闷。

第7章

小卡片用处大

何包有很多生字不会写，只好在听写本上画了很多圆圈，受到了燕子老师的不点名批评，这让他十分郁闷，好在乐乐又教给他一个好办法。

“丁零零——”

上课铃响了，燕子老师迈着轻快的步伐走进教室，对大家说：“同学们，眼看期中考试就要到了，所以近期我们会安排一些复习。在学习新知识的同时，把学过的知识复习起来。在讲新课之前，我们先把第一单元的生字听写一遍。”

同学们听说要听写生字，一边苦叫着一边拿出了生字本。

燕子老师一边念生字，一边在班里巡视，发现何包有很多字都不会写，用圆圈做了代替。听写完毕之后，何包画的圆圈比写上的字还要多。等把听写本收上去之后，燕子老师意味深长地说：“有些同学画的圈比写的字还要多，得多下点功夫了。”

何包心里知道燕子老师说的是自己，别提多郁闷了，一整节课都心烦意乱的。

下课后，何包破天荒的没有冲出去玩，而是坐在座位上发呆。见他一脸不高兴的样子，乐乐就问：“何包，你怎么苦着脸呢？这可大大降低了你的颜值呀！”

何包郁闷地说：“刚才听写生字的时候，我有很多字不会写，画了好多个圈圈，真是太丢脸了。其实我最近也努力了。昨天我看这些生字，足足看了一个小时，可还是它们认识我，我不认识它们。你说怎么办呢？”

乐乐轻松地说：“这很简单啊，我有一个好办法。”

说完，乐乐就回到自己的座位上，拿来一些五颜六色的小卡片。何包接过这些卡片，问道：“是要折纸吗？”

乐乐说：“当然不是。你好好看看这些卡片上有什么。”

何包仔细一看，发现卡片上写的都是生字，还组了词，就问：“这有什么用呢？”

乐乐说：“你想记住生字，只看一遍是没有用的。像我，就把它们写在卡片上，有空的时候拿出来看一眼。用零散的时间来加强记生字，就能记得非常牢固。”

何包崇拜地说：“乐乐，怪不得你学习那么好呢，原来你有这么多好办法呀，那我也试试。”

乐乐笑着说：“我的好办法还多着呢。等你把这些生字都记住了，我再教给你一个特别好玩的方法，保证你喜欢。”

何包激动地说：“那你现在就告诉我吧？”

乐乐摇了摇头说："不行。你什么时候把生字记下来了，我再告诉你那个方法。等你觉得生字都记住了，就来找我听写。听写合格了，我自然会告诉你的。"

见乐乐不肯说，何包只好先试试做卡片的方法。到家之后，他就让妈妈找了一些彩色的卡片，然后按照乐乐的样子，在上面写下生字词语，一有空就拿出卡片来看。可别说，这个办法真有用，结果不到一个星期，他就把生字都记牢了。

这天早上一到学校，何包就迫不及待地来到乐乐身边，兴奋地说："乐乐，我把所有的生字都记下来了，你什么时候把那个好玩的方法告诉我？"

乐乐笑着说："一会儿我就让你听写，如果你能把生字全部写对，我就告诉你。"

何包拍着胸脯说："随便你怎么听写！"

下了第二节课，何包就拿着听写本来到乐乐身边，让乐乐给自己听写。结果，何包居然一个字都没错。等乐乐检查完，宣布这个好消息的时候，何包立即把听写本抱在怀里，仔细抚摸了一遍，才说："你终于也有全对的时候了！"这一幕让乐乐哭笑不得。

下一秒，何包又对乐乐说："好了，我已经把生字都背下来了，你是不是该把那个好玩的方法告诉我了？"

乐乐笑着说："当然了，我现在就告诉你。你玩过消消乐的游戏吗？"

何包说："当然玩过，我还是高手呢！"

乐乐说："那你可以用这些卡片玩像消消乐一样的

游戏。”

何包疑惑地问：“怎么玩？”

乐乐笑着说：“你可以把生字写在一张卡片上，把它的拼音写在另一张卡片上。写完之后，把所有的卡片都放到一起，给每个字找出对应的拼音，这就是消消乐游戏呀！”

何包高兴地说：“我怎么就没想到这个办法呢？这样记忆可比死记硬背要强多了！我这就试试。”

说干就干，何包一头扎在座位上，开始往卡片上写字，写完之后就自己玩起了这个游戏。玩了一会儿，他突然想到了什么，就来到乐乐身边，高兴地说：“乐乐，我自己也发明了一款游戏，你要不要听？”

乐乐好奇地问：“是什么？”

何包说：“刚才你说的是语文。我想到的是，如果把英文单词写在一张卡片上，把它的中文意思写在另一张卡片上，是不是就能用来记英语单词了呢？”

乐乐一把抓住何包的手，激动地说：“恭喜你，都学会抢答了！”

何包得意地说：“那当然，别忘了，我可是聪明的何包呢！”

大壮见何包和乐乐聊得火热，凑过来说：“你们聊什么呢？”

何包看了乐乐一眼，神秘地说：“我们在聊怎么玩游戏呢！”

大壮一听“游戏”两个字，兴奋地说：“游戏！别把我给落下呀！我可是游戏高手呢！”

何包笑着说："不会的，我这就带你好好玩这款游戏，让你快乐地学习。"

大壮听到"学习"两个字，脸上的笑容立刻消失了。

何包笑着说："大壮，没想到你都学会变脸了。"

乐乐也跟着笑了起来。

何包日记

上次听写生字的时候，我画的圆圈比写的字都多。燕子老师不点名批评了我，让我觉得十分没面子。好在乐乐及时救了我，教给了我一个新的方法，让我用一种非常轻松简单的方式记下了很多生字和单词。这样，燕子老师就没法笑话我了，哈哈！

第8章

“读书银行”

为了激励何包读书，爸爸为他开了一个“银行”。什么？何包家这么有钱，居然能开得起银行吗？我们一起来看看吧！

晚上，何包正在写作业，妈妈端着一碟水果走了进来。见何包写得很认真，妈妈十分欣慰地说：“小包子，你最近表现还不错，至少燕子老师没有请我和你爸去开微型家长会。”

何包翻个白眼说：“这位女士，请注意您的用词。什么叫最近表现还不错呢？我的表现一直都很不错，好吗？”

妈妈笑着说：“好吧，我说错了，我改正。你的作业写得怎么样了？”

何包说：“数学写完了，正在写语文呢。”

妈妈说：“那正好，我今天晚上不忙。把你的数学作业拿出来，我帮你检查检查。”

何包从书包里掏出数学练习册，扔在桌子上，对妈妈说："你看吧！"

妈妈翻开练习册一看，只见每一页上都有很多红色的"×"，不由得十分生气。然后她看到一道题，更是火冒三丈，大声说："何包，你这题做得不对啊！"

何包大声说："怎么不对了？我觉得很对啊。"

妈妈说："你看这道题，火车要在12点半出发，路上要45分钟，问你应该在几点出门。"

何包轻松地说："当然是11点45分啦！这题多么简单！"

妈妈大声说："那堵车怎么办？路上出故障怎么办？进站不需要时间吗？"

何包郁闷地说："妈妈，你说的这是抬杠题，不是数学题。按你这个说法，这道题没法算了。"

深吸一口气，妈妈才慢慢地说："我可辅导不了你，让你爸来吧，不然我一会儿心脏病都得发作了。"

妈妈出去了。不一会儿，爸爸笑眯眯地进来，对何包说："你妈让我来盯着你写作业。"

何包说："我的作业还没写完，爸爸，你就随便坐吧。"

爸爸说："你写吧，我随便看看。"说完，他就翻开何包的书包，想帮他整理一下，没想到翻出一个大纸团来。爸爸打开一看，是一份数学试卷，上面写着鲜红的58分。

爸爸郁闷地说："小包子，你怎么才考58分？再有3分就及格了，你就不能再努力一些吗？"

何包放下手里的笔，一本正经地对爸爸说："爸爸，我一直想不通为什么我的数学这么差，今天我算是找到原因了。"

爸爸不好意思地说："失误，失误。不过你这成绩老这么差也不行啊，得想想办法。"他沉思了一会儿，又说："这样吧，我来帮你开个'银行'。"

何包一听，触电般从座位上蹦了起来，激动地说："爸爸，我就知道咱家特有钱。你让我住这么小的房子，读普通学校，就是为了考验我，对不对？你说吧，咱家有多少钱，我能挺得住！"

爸爸哭笑不得地说："别着急啊，听我把话说完。我要给你开的，是'读书银行'。"

一听这话，何包刚才的兴奋一扫而空，闷闷不乐地说："爸爸，你说话不要大喘气，好吗？害我白高兴一场。"

爸爸笑着说："如果你妥善经营的话，这个'银行'是对你有利的。"

何包好奇地问："有什么利？"

爸爸说："是这样的，比如你这次只考了58分，我就给你记收入58元。下次你进步10分，我就给你记收入10元；如果退步10分，就给你记支出10元。到了年底，你来算算，你的'读书银行'里，到底是'收入'多，还是'支出'多。"

何包掰着手指头算了算："如果每次考试进步10分，就能赚10块钱。以现在这个成绩，只要稍微努力一下，应该不会退步了。"他想了想，就郑重地对爸爸说："行，我同意开这个'银行'。但是我有个条件，这里面存的钱

都归我。”

爸爸笑着说：“当然可以。”

何包立刻拿来一个记事本，对爸爸说：“爸爸，你先按照刚才说的，给我记收入58元。我能先预支10块钱，明天买零食吗？”

爸爸想了想，说：“好吧，这就当你开户的奖励吧。”

见这么容易就得到10块钱，何包又开始动起脑筋。过了一会儿，他又说：“爸爸，我觉得‘银行’的规定需要完善一下。”

爸爸笑着说：“你有什么好的想法可以说出来。”

何包激动地说：“爸爸，我觉得现在‘银行’的营业范围太窄了，只靠考试成绩的话，收入太少了。我觉得，我做的其他事情也可以记为收入。比如我读一本书，就可以收入20块钱，怎么样？”

爸爸思考了一会儿，说：“也不是不行，但是这条规则还得细化一下。如果你读100页以内的书，就收入10块；100页以上的，就收入20块。至于你该不该得到这笔收入，就要有考核标准。比如你可以给我讲一下这本书讲的是什么，如果讲得好，就给你记这笔收入。”

何包想了想，这样比较合理，就同意了，然后他对爸爸说：“爸爸，你现在可以出去了，我要为我的收入而奋斗了！”

爸爸笑着说：“还是钱的力量大啊，可是有一点你得注意。”

“哪一点？”何包疑惑地问。

“就是你得悠着点，不然我可没有那么多钱支付给你。”爸爸笑着说。

“我觉得这一点很好解决，你可以从妈妈那里贷款。”何包狡猾地说。

爸爸竖起大拇指说：“你这‘银行’没白开！”

何包日记

我一直非常纳闷，为什么我的数学成绩这么差？后来爸爸帮我进行了分析，我才知道原因在他那里。好在爸爸及时补救，给我开了一个“读书银行”。我想用不了多久，我就能有很大一笔收入，然后我就可以买各种玩具和零食了！

第9章

“错别字监狱”

为了纠正大家的错别字问题，燕子老师给同学们开设了一个“错别字监狱”，让每个同学都担任“监狱长”。

最近一段时间，在批改作业的时候，燕子老师发现同学们总是会写出很多错别字，有一些还十分可笑。于是，她决定要纠正一下这个坏风气。

这天上课时，她拿出大家的作文本，笑着说：“最近一段时间，很多同学都会写错别字，而且这种情况越来越严重，我认为到了给大家纠正一下的时候了。现在我就挑几个同学的错别字，给大家念一念。”

燕子老师翻开一个作文本，大声读道：“‘我门要学习红军爬雪山过草地的革命精神。’这句话中的‘门’是大门的门。请问这一句是哪位高手写的？请站起来示意一下。”

大壮昂首挺胸地站了起来，引得全班同学哈哈大笑。燕子老师见他如此理直气壮，忍不住皱了皱眉头。

大壮挠了挠头说："老师，我写错了，应该是有单立人旁的'门'。我保证下次不会犯这样的错误了。"

燕子老师忍着笑说："希望你说到做到，坐下吧。"

然后，燕子老师又拿起一个作文本，念道："我走在街上，看到很多招牌，上面写着'中国人民很行，中国建设很行，中国农业很行'……"

念到这里，燕子老师已经笑得念不下去了。吉姆红着脸站起来，小声说："我在街上看到的就是这么写的，这又不是我自己写错的，也能算错别字吗？"

何包大声说："吉姆，你该配眼镜了，那写的是银行，不是很行，我真是服了你了！当然，你这么理解也很对，中国人民确实很行……"

同学们又哈哈大笑起来。燕子老师示意大家安静，又拿起一个作文本，大声念道："我一天吃三吨饭，早上一吨，中午一吨，晚上一吨……"

何包大声说："老师，我知道，这一定是都美丽的作业本。只有她才有这个饭量，要是不信，看看她的体格就知道了。"

同学们听完，哄堂大笑，有些同学笑得连眼泪都流出来了，都美丽气得直瞪眼。

见何包这么踊跃发言，还在笑话别的同学，燕子老师就说："何包同学，现在我找一找你的作业本，读给大家听听。"

何包得意地说："老师，我可以肯定，我的作文本里绝对没有错别字。"

燕子老师翻开何包的作业本，大声念道："我的语文老师个子很矮，脾气也不好，有一点点汹。”

何包慢吞吞地站起来，无辜地说：“老师，我觉得我真的没写错别字。”

燕子老师生气地说：“既然你还没有意识到写错了哪个字，那你就站一会儿好好想想吧！现在咱们回归正题，大家的作文里出现了这么多错别字，该怎么办呢？”

同学们开始议论起来，毕竟自己也经常写错别字。

等大家安静下来，燕子老师才说：“这样吧，从今天开始，我给大家一个新的官职，就是‘监狱长’。”

何包大声说：“老师，你也觉得咱们班像监狱吗？”

燕子老师拍了一下额头，选择无视何包的问题，大声说：“我的意思是，每个人准备一个笔记本，当作‘错别字监狱’。以后在作业中出现了错别字，就把这个字关进‘监狱’里，‘判有期徒刑十年’。我会不定期到这个‘监狱’里来检查，‘罪犯’少的，会有奖励。”

何包觉得这个方法很不错，拿回作文本之后，他主动把第一个错别字“汹”关进了监狱。接下来的一段时间，他经常往这个“监狱”里关“罪犯”，有时候一关就是好几个。不过时间长了，他往里面关的“罪犯”就越来越少了。

到了期末，燕子老师把大家的“错别字监狱”收了上去。燕子老师认真翻看之后，挑出了几个改错认真的同学，把他们的“错别字监狱”展示给大家看，并说：“同学们，这一段时间来，大家都十分努力，老师非常欣慰。我已经看到了你们的劳动成果，也挑出了几位优秀的‘监狱长’。接下来，我会给这几位同学颁发奖励。文曲星、娇娇、乐乐、何包，请这几位同学到讲台上来。”

听到老师念自己的名字，何包别提多激动了，立刻蹦了起来，冲到讲台上，等着燕子老师颁发奖励。燕子老师说到做到，给每个人奖励了一个精美的文具盒，还让大家发表一下获奖感言。

文曲星、娇娇和乐乐都是简短地说了几句，就准备下台了。

何包却激动地说：“感谢燕子老师，能够让我得到领奖的机会。前一段时间，我把‘监狱’里的错别字看管得很好，因此得到老师的表扬。我决定，以后要往‘监狱’里多放几个错别字。”

燕子老师眼前一黑，心想：我就知道这小子说不出什么好话！

何包日记

我真没想到，因为我笔记本中收的错别字太多，还得到了老师的表扬。事情是这样的：燕子老师给我们开设了“错别字监狱”，让我们把自己写错的字都关进去。我写的错字太多，只好比别人更加努力地管理。现在想想，这好像没什么值得骄傲的……

第10章

谐音记忆法

何包和文曲星打赌，要背下圆周率的前一百位。为了不丢面子，何包赶紧找到老爸求救，于是老爸给他想了一个巧妙的记忆方法。

在数学课上，高老师讲了一个新知识——圆周率，并自豪地告诉大家，中国南北朝时期的数学家祖冲之首次将“圆周率”精算到小数点后第七位，直到15世纪才由阿拉伯数学家阿尔·卡西打破了这一纪录。

下课之后，何包望着数学课本发呆，文曲星见他一副魂不守舍的样子，笑着说：“怎么了，何包？是不是觉得圆周率的位数挺难背的？”

何包见文曲星跟自己说话，不服气地说：“这有什么难背的？我能背下来很多位呢。”

文曲星说：“我不信。”

何包大声说：“你不信，是吗？我明天背给你听。我告诉你吧，我能背下一百位呢！”

文曲星笑着说：“我还真不信，那你明天就背给我听好了。我今天回家洗干净耳朵，准备明天认真听你背哦！”

何包刚夸下海口，就有点后悔了。一百位，这可怎么背啊？看来得找救兵才行。

放学回家之后，何包急忙向爸爸求救，他对爸爸说：“爸爸，这下得你出手了！”

爸爸喝了口茶，说：“怎么了，小包子？”

何包着急地说：“怪我今天当着文曲星的面吹牛，说我能背下圆周率的前一百位。”

爸爸笑着说：“这怎么能叫吹牛呢？我相信你有这个实力呀！”

何包噘着嘴说：“我现在背前七位都费劲呢，所以来找你帮忙。”

爸爸笑着说：“这有什么难的，包在我身上了！”

何包激动地说：“真的吗，老爸？如果你能帮我背下来，让我不在文曲星面前丢面子，我可以不告诉妈妈你偷藏私房钱的事！”

爸爸尴尬地说：“我……我什么时候藏私房钱了？”

何包狡猾地说：“别装了，我都看到了，在我的床垫……”

爸爸赶紧捂住何包的嘴，对他说：“走，爸爸带你背圆周率去。”

于是爸爸带着何包来到电脑面前，搜索了圆周率的前一百位，并比较了几个背诵方法，才说：“小包子，爸爸给你找了个最简单的方法，通过一个谐音故事来背诵，绝对又快又准确。”

何包兴奋地说：“那就快点开始吧！”

爸爸找的方法是这样的。

先设想一个酒徒在山寺狂饮、醉死山沟的情景：

“山巅一寺一壶酒（3.14159），儿乐（26）：‘我三壶不够吃（535897）。’酒杀尔（932），杀不死（384），乐而乐（626）。死了算罢了（43383），儿弃沟（279）。”

接着，设想“死者”的父亲得知儿“死”后的心情：

“吾疼儿（502），白白死已够凄矣（8841971），留给山沟沟（69399）。”

再设想“死者”的父亲到山沟里寻找儿子的情景：

“山拐我腰痛（37510），我怕你冻久（58209），凄事久思思（74944）。”

最后，设想父亲在山沟里把儿子找到，并把他救活，儿子迷途知返的情景：

“吾救儿（592），山洞拐（307），不宜留（816）。四邻乐（406），儿不乐（286），儿疼爸久久（20899）。爸乐儿不懂（86280）。‘三思吧（348）！’儿悟（25）。三思而依依（34211），妻等乐其久（70679）。”

何包念完之后，觉得按照这个故事来记忆的话，很快就能把这前一百位记下来了，高兴地说：“老爸，早知道背圆周率这么简单，那我今天就应该多说几位。我应该告诉文曲星，我可以把圆周率的位数都背下来，一定能把他的下巴都惊到地上。”

爸爸瞅了他一眼，说："你真这么觉得吗？"

何包自信地说："那当然了。"

爸爸上网搜索了一下，对何包说："现在圆周率已经算到了几亿位，你真的确定可以全都背下来吗？"

何包一听爸爸说圆周率已经算到了几亿位，惊得下巴都要掉了，赶紧说："幸亏今天没有过分吹牛，要不可丢死人了。爸爸，我先把这一百位背下来，待会你帮我核对一下啊！"

爸爸笑着点了点头。

何包根据这个谐音故事，用了十几分钟就背下了一百位，心里别提多高兴了。爸爸趁他高兴，就说："小包子，你说爸爸教你的这个方法怎么样？"

何包不由得竖起大拇指："老爸出马，一个顶俩，这个方法真是太棒了！"

爸爸又说："其实不光在背圆周率的时候可以用，你在其他科目上，也可以用到啊。这样背起来又快又好，一定可以让文曲星惊掉下巴！"

何包眨巴着眼睛想了想，说："那文曲星的下巴也太可怜了，天天都往下掉。不过，老爸，我会考虑你这个建议的。"

第二天，何包早早醒来，把圆周率的前一百位复习了一遍，然后来到学校，在文曲星面前熟练地背了一遍，文曲星听了十分吃惊。

同学们见何包这么厉害，都纷纷来请教方法。何包毫不吝啬地把这个方法分享给了同学们，这为他赢得了好几个粉丝。

大壮见何包被同学们包围了，羡慕地说："何包，你最近进步这么大，我觉得非常有压力呀！"

何包笑着说："为什么会有压力？"

大壮郁闷地说："因为我觉得你会跟我竞争倒数第二的位置。如果我的成绩下降，那不就变成咱们班的倒数第一了吗？"

何包笑着说："你想多了，倒数第二还是你的。我要竞争正数第一！"

何包日记

今天我在班里特别有面子，又赢得了几个粉丝，因为我把圆周率的前一百位背下来了。要是放到昨天，这对我来说，还是不可能完成的任务。可是有了老爸这个"神助攻"，我轻松地完成了任务。关键时刻，还是老爸靠谱呀！

第11章

今天我是小老师

高老师让同学们轮流为大家讲题。何包要讲的是一道“鸡兔同笼”的数学题，这可把他难坏了，于是，他再次求助于老爸。

为了提高同学们的数学成绩，高老师最近想出了一个“奇葩”的方法，就是每天给大家出一道有难度的题，并在第二天由一位同学来讲解这道题。一开始，何包并不觉得这有什么。可是，这天高老师出了一道非常奇怪的题，并指定第二天由何包来讲，这让何包有些慌神了。

这道题是：鸡兔同笼，共有头15只、脚40只，求鸡和兔子各多少只？

何包左看右看，也看不出这道题该怎么解，可是明天就该他上台讲解了。要是不会做的话，怎么给同学讲呢？这下他可是庙里长草——慌了神。没办法，他只好再去找爸爸帮忙。

看了看这道题，爸爸并没有着急给他解答，而是笑着说：“你先给我讲讲你的思路，我看看对不对。”

何包翻个白眼说：“老爸，你这不是强人所难吗？我要是有思路，自己就解题了。你快点给我讲讲，明天我还要讲给同学们听呢。”

爸爸笑着说：“这样啊，那我得给你讲一个有趣的方法，保证你一听就明白。”

何包着急地问：“什么方法？”

爸爸说：“咱们假设这些鸡和兔子都非常听话，只要我吹一声口哨，它们就会抬起一只脚。那现在笼子里还有多少只脚？”

何包想了想，说：“40−15=25。”

爸爸又说：“现在我再吹一声口哨，它们又抬起一只脚。那现在笼子里还有多少只脚？”

何包又想了想，说：“25−15=10。”

爸爸问：“那现在笼子里的鸡和兔子是什么情况了？”

何包说：“鸡都一屁股坐在地上了，兔子还有两只脚立着。”

爸爸说：“那你现在能算出兔子有多少只了吗？”

何包思考了一会儿，说：“现在每只兔子还有两只脚在地上，所以兔子有10÷2=5只，鸡有15−5=10只。”

爸爸笑着说：“没错，这道题就这样解出来了。”

何包欣喜地说：“天啊，爸爸你太棒了！这么难的题目，被你轻轻松松就解出来了，我太崇拜你了！”

爸爸轻轻地点了点头，一副得意的模样。

何包突然想到，自己还要明天给同学们讲，就准备先试验一下。他对爸爸说："爸爸，按照高老师的要求，我明天要给同学们讲解这道题，不如你先坐下，听我给你讲一讲吧？"

爸爸赶紧摇头："我今天的报纸还没看完呢。这样吧，你可以用你妈当'小白鼠'，如果她都能听懂，那你们班的同学就应该都能听懂了。"

何包想了想，觉得爸爸的话很有道理，就大声叫道："妈妈，快来呀！"

妈妈正在厨房里洗碗，听到何包的叫声，急忙冲了过来，大声说："怎么了，出什么事了？"

何包笑着说："妈妈，我现在要给你讲一道数学题。"

妈妈轻蔑地说："得了吧，就你那成绩，还敢给我讲数学题？我可不要听。"

何包立刻扑过去抱住妈妈的大腿，大声说："妈妈，你怎么一点奉献精神都没有？明天我要讲给同学们听，所以我现在先讲给你听听。我爸说了，要是你都能听懂，那我们班的同学就应该都能听懂了。"

妈妈眨巴着眼睛说："听这话的意思，我的水平还不如你们班的同学呢？"

何包赶紧说："妈妈，这不是重点。重点是我下面要给你讲的这道题。来，你先看一下题目：鸡兔同笼，共有头15只、脚40只，求鸡和兔子各多少只？"

妈妈愁眉苦脸地说："我从小数学就不好。要我说，这笼子里有10只兔子和5只无脚冰冻鸡。"

何包大声说："不对，不对。妈妈，你听着，现在我来给你讲这道题。现在假设这些鸡和兔子都非常听话，只要我吹一声口哨，它们就会抬起一只脚。那现在笼子里还有多少只脚？"

妈妈反驳道："不对啊，你怎么能保证它们都会抬起一只脚？万一有的不听话，抬起两只脚呢？"

何包郁闷地说："妈妈，我们是在做数学题，不是在做抬杠题。我刚才说的是假设！假设！快点回答我的问题，现在笼子里还有多少只脚？"

妈妈想了想，说："40−15=25。"

何包说："那现在我再吹一声口哨，它们又抬起一只脚，那现在笼子里还有多少只脚？"

妈妈刚要反驳，看到何包那想要生气的眼神，只好想了想说："25−15=10。"

何包满意地说："回答正确。也就是说，现在所有的鸡都坐在地上了，只有兔子用两条腿站在地上，所以兔子有多少只呢？"

妈妈说："10÷2=5。"

何包激动地一把握住妈妈的手说："恭喜你，答对了！"

妈妈也激动地说："从小学到现在，我这道题就没做对过。今天在你的'指导'下，终于做对了，真是太不容易了！"

何包得意地说："那当然，你也不看看是谁教的。名师出高徒，对吧？"

妈妈赞许地说："没错。你把这道题讲得非常完美，我听得非常明白。”

何包得意地说：“明天我就给同学们这么讲。我觉得给他们讲更简单，因为他们不会跟我抬杠。所以，我会轻松地就能让他们听懂。”

妈妈不满地说：“我那叫讲究细节，怎么能叫抬杠？”

何包日记

高老师让我讲“鸡兔同笼”的数学题，我愁得头发都要白了。幸好我有个聪明的老爸，他给我一讲，我就明白了。而且我还把妈妈当成“小白鼠”，给她讲了一遍。现在，我已经彻底弄明白了这道题，就算给同学们讲，我也不害怕了。

第12章

口语交际课

在布置作文之前，燕子老师先给大家上了一节口语交际课，于是，同学们纷纷把自己珍藏的宝贝带到了学校。

下午放学之前，燕子老师郑重地在班里宣布："明天要上一节口语交际课，主题是购物。大家可以从家里带来自己想要卖掉的物品，在班里进行交易。这节课结束后，大家要以此为主题写一篇作文。"

虽然何包对写作文不感兴趣，但是对口语交际课还是很感兴趣的。放学回家之后，他就开始翻箱倒柜，把自己的玩具、书等统统翻出来，准备挑几样装进书包里，好在明天大展身手。

妈妈见何包在家里乱翻，奇怪地问："小包子，你把什么弄丢了？"

何包一边翻一边说："什么也没丢啊，我只是想找点东西，明天拿去学校卖掉。”

妈妈生气地说：“你什么时候学会卖家里的东西了？从实招来！”

何包说：“这是燕子老师安排的活动，你快做饭吧，我忙着呢！”

妈妈只好回到了厨房。

第二天一早，何包就背着书包来到学校。在学校门口，他看到了班里的好几个同学都背着鼓鼓囊囊的书包。看来，同学们都带了不少好东西来学校。

第二节是语文课，大家早早地坐在座位上等待燕子老师的到来。不一会儿，燕子老师踏着铃声进来了，见大家都眼巴巴地等着自己，就笑着说：“同学们是不是都等着急了？现在我宣布，咱们的口语交际课开始了。大家可以把我们的教室当作商场，大展身手。”

同学们都欢呼起来，然后，大家在燕子老师的指挥下，把桌子放到教室的角落，在中间腾出一块空地，以供同学们摆放自己的物品。

何包拿出自己的玩具小火车、童书和文具盒，等着别的同学前来购买。大壮带来的是雨伞和文具，都美丽带的是洋娃娃和故事书……一时间，教室里变得十分热闹。

文曲星走到都美丽面前，随手翻了翻她的书，问：“这本书怎么卖？”

都美丽说：“5块钱一本，买的多了可以优惠。”

文曲星又翻了几本，说：“这几本我都要了，算一下价钱吧。”

都美丽数了数，一共是5本，就说：“你就给我20块钱吧，给你打八折。”

文曲星高兴地付了钱。

何包看到都美丽不一会儿就卖了20块钱，而自己还没开张，不由得着急起来，开始大声嚷嚷：“快来看快来看呀，物美价廉，跳楼大甩卖了！”

吉姆听到他的叫声，赶紧冲过来问：“谁跳楼了？”引得同学们一阵大笑。

文曲星把书放进书包里之后，又在教室里闲逛，看到何包的童书，随手翻了翻，说：“老板，你这书也太老了吧，颜色都发黄了？”

何包翻了个白眼说：“你不懂，不要乱说话呀。这是采用最新研制的防近视纸印刷的，可以预防近视呢。要是你早看我这种书，就不用戴眼镜了。”

文曲星一副恍然大悟的样子，随手翻了翻书，又说：“这本多少钱？”

何包说：“5块钱，不讲价！”

文曲星说：“好的，我买了。”

见文曲星真的要掏钱，何包态度马上来了个180度大转弯，谄媚地说：“这位同学，我这里童书还有很多呢，你再看看吧，打包更优惠！”

文曲星说：“行，那我再看看。”

趁文曲星看书的时间，何包离开了自己的位置，在教室里闲逛，想看看别的同学都带了什么宝贝。来到乐乐面前，何包看到了自己早就想要的一个篮球，就问：“老板，这个

篮球怎么卖？”

乐乐见他一本正经的样子，笑着说：“咱俩还提什么钱，你想要就拿去吧！”

何包严肃地说：“那不行，咱们这是做生意呢，哪能白要？”

乐乐挠了挠头，说：“那你给我两块钱吧，把球拿走。”

一听只要两块钱，何包别提多高兴了，赶紧掏钱买下了这个球，生怕有人跟他抢。

大壮到现在还没卖出去一件物品，但是他并不着急，也在教室里闲逛。看到乐乐卖的东西这么便宜，他说：“乐乐，你还有多少东西？都卖给我吧。”

乐乐指着面前的一堆东西说：“还有这么多呢，你给我10块钱，都拿走吧！”

见乐乐这么爽快，大壮就非常痛快地掏出了10块钱，把乐乐所有的东西都买了下来，拿回自己摆卖的位置。大壮把物品一一摆放整齐，开始大声叫卖起来：“快来买，快来看了啊，全都是限量版的，5块钱一件。”

何包见大壮卖的都是刚才从乐乐那里买回来的东西，笑着说：“你这个狡猾的家伙，从乐乐那里低价买来，再高价卖给我们，简直就是奸商！”

大壮笑着说：“我这是善于发现商机，你懂不懂？”

“丁零零——”下课铃响了，这节口语交际课就这么结束了。燕子老师让大家把课桌搬回原来的位置，然后笑着对大家说：“刚才这一节课，大家练习了口语表达，还学会了购物，是不是觉得收获很多？以后大家还想上这样的课吗？”

何包大声说：“当然，不过要是不用写作文就更加完美了。”

同学们异口同声地说：“没错！”

何包日记

虽然我上课的时候老习惯溜号，但是我不得不承认，燕子老师真的是足智多谋。因为她经常能够想出一些好办法，让我们的学习变得轻松又快乐。在今天的口语交际课上，我就学到了很多。我想，要是能天天上这样的课就好了。

第13章

击鼓传花

为了激励同学们记生字，燕子老师想出了一个“击鼓传花”的游戏。在游戏中，何包还当着全班同学的面跳了一支舞。

周五放学之前，燕子老师带着一摞白纸走进了教室。大家以为老师要考试，忍不住大声抗议起来。

何包大声说：“老师，马上就要放学了，不要考试了，给我们留下一个愉快的周末吧！”

大壮也说：“对啊，老师，时间太仓促，考不完了，下周再说吧！”

燕子老师笑着说：“先别急着抗议，听我把话说完。我拿的这张试卷上面有咱们这一学期的生字，大家回家之后要通过查成语词典的方式给它们组一两个成语。下周三上课的时候，我会带你们做成语接龙的游戏，输了的同学会受到惩罚。”

何包大声说："老师，我能直接接受惩罚吗？"

燕子老师笑着说："可以。惩罚就是要给全班同学跳一支舞。何包同学，你确定你要直接接受惩罚吗？"

何包一想这个画面就十分恐怖，赶紧说："算了，老师，我还是好好地完成这份作业吧。"

回家之后，何包认真地标注出了每个生字的读音，还通过查成语词典给它们分别组了两个成语，免得自己做游戏的时候无成语可用。自从上学以来，何包还是第一次这么认真地完成作业呢。

周三上语文课的时候，燕子老师拿出来一个好看的小盒子，对大家说："一会儿我们玩击鼓传花的游戏，规则是这样的：我背对着大家，用黑板擦敲黑板，大家就传这个小盒子。等我停止敲击的时候，盒子落在谁手里，谁就要接龙一个成语。比如第一个同学说的是一心一意，那下一个同学就可以说异想天开。可以不同字，但是必须同音，大家记住了吗？"

同学们大声说："记住了！"

游戏开始了，盒子像离弦的箭一样飞快地移动着。突然，敲击声停止了，现在盒子正好在都美丽手里。都美丽想了一会儿，说："一心一意。"

同学们抗议道："这个是刚才老师说过的，不能算。"

燕子老师也说："都美丽，要不你换个成语吧？"

都美丽想了想，说："津津有味。"

同学们听到这个成语，忍不住都笑出了声。何包大声说："不愧是'肉嘟嘟'，随便说一个成语都和吃有关。"

都美丽抗议道："何包，你别管我说的是什么成语，反正我是说出来了。你还是担心担心你自己吧，要是你一会儿接不上来，还得给我们跳舞呢！”

何包反驳道：“怎么可能？我花了好多时间来记这些生字和成语呢，绝对不会接不上来。”

燕子老师示意大家安静，就又背过身去敲击黑板，盒子又开始飞快移动下来。突然，敲击声停止了，这次盒子到了吉姆手里，他大声说：“未卜先知！”

燕子老师笑着说：“吉姆回答得很棒，老师为你点赞！”

吉姆高兴地坐下，游戏继续进行。很快就传到了娇娇手里，她从容地站起来，说：“知行合一。”

游戏继续进行，盒子到了大壮的手里，他高兴地说：“这回我可以说一心一意了吧！”

见大家都在高兴地做游戏，何包不由得十分紧张，他很想盒子停在自己手里，但又怕自己接不上成语，还要为大家跳舞。就在他胡思乱想的时候，燕子老师的敲击停止了，盒子真的落到了他手里，他大声说：“义无反顾！”

游戏继续进行，一个又一个的同学站起来进行接龙。没想到，第一个卡壳的居然是文曲星，没办法，他只好为大家跳了一支舞。

看着文曲星笨拙的样子，何包心里别提多高兴了，此时此刻，他觉得这个游戏简直是太好玩了。

可惜何包的好运气并没有持续多久，再一次拿到盒子的时候，他就卡壳了，只好也为大家跳了一支舞。这让他无比羞愧。

欢乐的时光总是过得很快，大家觉得游戏还没玩多久，

就要下课了。燕子老师看到大家意犹未尽的样子，笑着说：“刚才这节课，大家上得开心吗？”

除了文曲星和何包，大家都说：“非常开心。”

燕子老师说：“做这个游戏的目的，就是督促大家努力记牢生字和成语，把课本上的内容掌握得更加扎实一些。如果大家愿意的话，我可以建议其他科目的老师也这么做。比如数学课上，你们可以通过这个方法来选择让谁到讲台上做题；英语课上，你们也可以比赛，看谁记住的单词最多。”

何包举起手来，大声说：“老师，我不反对玩这个游戏，但是我有一个要求，下次的惩罚措施能不能改一改？”

文曲星也大声说：“老师，我觉得何包说得对，这个惩罚措施得改一改。”

说完，何包的目光和文曲星的目光交汇了，这是他们两个第一次达成共识。

何包日记

我长这么大，今天是最丢脸的一天。因为我居然当着全班同学的面跳了一支舞，我感觉自己好像一只大猩猩啊。我已经决定了，以后要好好学习语文，牢记生字，多掌握成语。

第14章

速记诗歌

何包非常头疼背诵古诗，为了避免被惩罚，他和大壮一起向乐乐求助。乐乐给他们讲了一个故事，使他们快速地把古诗背了下来。

对于何包来说，背诵古诗也是一个大难题。一首只有四句的诗，他都要背好久，而且总是背了上句忘了下句。一首好好的诗都能被何包背成“散装”的，不仅让燕子老师哭笑不得，他自己也非常郁闷。

这天早上，何包正对着一首诗发呆，大壮见他兴致不高，就来到他身边，说：“何包，你看起来不太高兴呀。”

何包郁闷地说：“待会燕子老师一定要惩罚我了，我怎么能高兴得起来呢？”

大壮惊讶地问：“你又干什么坏事了？”

何包说：“别提了，昨天咱们不是新学了一首诗吗？燕子老师说今天要检查背诵，可是我一句还没背下来呢。”

“你明知道背不下来会被惩罚，为什么不好好背？”大壮说。

“谁说我没好好背了，昨天晚上我用了一个多小时的时间来背，可还是没背下来。对我来说，背古诗真的太难了。”何包说。

大壮拍拍胸脯，对何包说：“你是我的好朋友，如果你被惩罚，我会陪着你的。”

何包激动地说：“我的好朋友，你真讲义气，可是没有必要，燕子老师那么凶……”

大壮摊开手，无奈地说：“不是我想讲义气，而是实力不允许啊，因为我也没有背下来。”

“那你说了这么半天，我还以为你背下来了呢，原来咱俩彼此彼此啊！”何包说。

“说真的，我也不想被老师惩罚，要不咱们去找乐乐求助吧。他那么聪明，一定有好办法。”大壮说。

何包一拍脑袋，说：“对呀，怎么把他给忘了呢？孔子说了，要不耻下问。”

大壮嘲笑道：“你有没有摆清楚自己的位置啊？明明是你‘下’，好吗？”

于是何包拉着大壮来到乐乐身边，谄媚地说：“乐乐，我们两个有难，你要不要帮忙？”

乐乐奇怪地问：“咱们在学校里很安全呀，哪来的难？”

大壮哭丧着脸说：“昨天燕子老师让我们背诗，我们俩都没背下来呢。只怕要大难临头，所以前来请教你，看看有没有什么快速背诵古诗的好办法。作为回报，我会跟你分享我的玩具。”

乐乐笑着说：“那倒不用，不过我真的有好办法，可以和你们分享。你们先把书拿过来，把那首诗念给我听一听。”

大壮一溜小跑回到座位，把课本拿过来，开始念：

咏　柳

唐·贺知章

碧玉妆成一树高，万条垂下绿丝绦。

不知细叶谁裁出，二月春风似剪刀。

乐乐说：“咱们先不着急背诵这首诗。接下来，我先给你们讲一个故事。有一天，诗人坐着小船，急匆匆地往家里赶。他已经很多年没回过家了，心里十分想念。突然，他看到一棵高大的柳树，正是草长莺飞的二月天，柳树刚刚长出嫩绿的新芽，从船上望去，就像晶莹剔透的翡翠。柳枝十分柔软，随风摇摆，就像千万条丝带一样。诗人站在船上，被这美丽的柳树惊呆了，就问：‘这么精致细小的叶子是谁裁剪出来的呀？’一阵阵春风吹过，他才明白：原来是春风这把剪刀呀！”

乐乐讲完这个故事，笑着说：“故事讲完了，你们记住了吗？”

何包眨了眨眼睛说：“我怎么觉得这个故事就来自这首诗呢？”

乐乐说：“没错，这个故事就是根据这首诗编的。你们记住这个故事，再去想这首诗，很快就能背下来了。

诗人看到一棵高大的柳树，就是‘碧玉妆成一树高’。看到柳条随风摇摆，就像千万条丝带一样，就是‘万条垂下绿丝绦’。然后诗人就问：这么精致细小的叶子是谁裁剪出来的呀？就是‘不知细叶谁裁出’。然后春风吹过，他才明白：原来是春风这把剪刀呀，就是‘二月春风似剪刀’。好了，现在你们想着这个故事，把这首诗给我复述一遍。何包先来吧。”

何包眨巴着眼睛，很快就把这首诗背了下来。接下来，大壮也顺利地背下了这首诗。

何包惊讶地说：“这么神奇吗？我用了一个小时都没背下来的诗，这么一会儿就背下来了？”

乐乐笑着说：“就是这么神奇。不信的话，你可以再背一首诗试试看。”

何包翻开书，指着其中的一首念道：

江　雪

唐 · 柳宗元

千山鸟飞绝，万径人踪灭。
孤舟蓑笠翁，独钓寒江雪。

念完之后，他说：“我自己可以根据这首诗编一个故事。四周的寒山连绵起伏，因为是冬天的缘故吧，山里十分空旷。山上没有飞鸟的鸣叫和踪影，山内外所有的小路上也没有了人的行踪。在那宽广平静的江上，有一个披着蓑衣戴着斗笠的老渔翁，一个人孤零零地坐在船上垂钓。”

大壮听着这个故事，居然慢慢地把这首诗背了出来。背完之后，他兴奋地抱住乐乐，大声说：“天啊，背诗原来这么简单，还能讲故事！”

现在，何包和大壮已经不再害怕背诗了。

何包日记

我不得不承认，在我艰难的求学生涯中，乐乐就是一道光，照亮了我前进的路。因为我用了一个小时都没有背下来的古诗，被他轻松搞定，而且我很快就会背了两首。按照这个速度，我想我很快就能去参加《中国诗词大会》了。

第15章

“错题病历卡”

看到乐乐在做“错题病历卡”，何包感到十分好奇，就学他的样子也做起了“病历卡”。很快，他就发现，这个方法真的很棒。

课间，在教室里闲逛的时候，何包看到乐乐正在座位上忙着什么，就好奇地凑了过去，发现乐乐手里拿着一大堆卡片。何包好奇地问：“乐乐，你这堆卡片是做什么的呀？”

乐乐笑着说：“这是我的‘错题病历卡’。”

何包问：“什么是‘错题病历卡’？”

乐乐说：“我们去医院看病的时候，都要有病历卡吧。我就是根据这个原理，做出了‘错题病历卡’，你仔细看看就能知道。”

何包仔细一看，发现卡片上写着：

患者姓名：

就诊时间：

病因：

处方：

注意事项：

医生意见：

他又翻开一张填写过的卡片，见上面写着：

患者姓名：数学周测

就诊时间：11.9

病因：知识漏洞，没有及时掌握。

处方：及时总结归纳，多做同类型题目。

注意事项：这道题目老师在课堂上讲过，但是没有及时总结掌握，导致出错。

医生意见：半个月后复诊。

何包看完这份"病例"，羡慕地说："乐乐，你真是太神奇了，总是能想出各种好的学习方法，怪不得你成绩这么好呢。"

乐乐有些害羞地说："因为学习原本是十分枯燥无味的呀。我就是要想办法，把学习变得十分有趣，才能觉得快乐起来。你说，对吗？"

何包想了想，说："没错。我也应该向你学习，给我的错题建立起'病历卡'。也许用不了多久，我也能变成跟你一样的学霸呢！"

乐乐笑着说："我觉得你很有这个实力。你可以先按照我这样做'病历卡'，做好了给我看一下，我给你提点意见。"

放学回家之后，何包就学着乐乐的样子，做了很多"病历卡"。可是，很快他就遇到了新的问题：他的基础差，错题比较多，一道一道列起来，很费时间。他忙活了一个晚上，也没有整理出几道题。

第二天，他拿着自己整理好的“病历卡”来到乐乐身旁，郁闷地说：“乐乐，我按照你说的进行了整理，可是咱俩的情况不一样，你成绩好，错题少，每次用不了多长时间就能整理完。而我的基础那么差，错题那么多。你看，我昨天整理了一晚上，才整理了这么几道。”

乐乐笑着说：“既然咱俩的情况不一样，那就得对症下药啊。你在整理的时候，千万不能只追求数量，可以先把题目分析一遍。如果你能够自己做对，就可以不用整理到上面去了。如果做不对，你再往上整理。另外，同一类型的题目也不用反复整理，你整理完一次，觉得已经会做了，就可以不用整理了。这样，你的任务量会大大减少，‘病历卡’才能发挥最大的作用。”

何包想了想，觉得乐乐说的话很有道理。于是，他把自己这学期所有的试卷都找出来，把上面的错题重新做了一遍。能够自己做出来的，就没有往“病历卡”上整理，实在做不出来的，再整理到“病历卡”上，等着请教乐乐。这样做下来，他一晚上就整理了好几份试卷，别提多有成就感了。

整理了一段时间后，何包发现自己的成绩有了很大的进步，错题也越来越少，非常高兴。他认真分析了自己的“病历卡”，给它们归类。如果是自己粗心大意做错的题目，就归到“外科”；如果是因为自己知识上的欠缺做错的题目，就归到“内科”。每隔一段时间，他都会把这些“病历卡”重新整理一遍，完全掌握的知识点，就让它们“痊愈”；还没有完全掌握的，就需要再次“复诊”。

又过了一段时间，何包的数学成绩提升十分明显，让各科老师都刮目相看。燕子老师专门在班里表扬了何包，还让他到讲台上介绍学习经验。何包挠挠头说：“我想，我之所以会进步这么明显，都是因为我有‘病’。”

老师和同学们听了何包的话，都大吃一惊。大壮更是激动地说：“何包，你怎么了？是不是得了绝症？”

何包哭笑不得地说：“咱们是好朋友，你就不能盼我点好吗？我的意思是，自己按照乐乐的建议，给各科的错题都建立起了‘病历卡’，每隔一段时间就给它们‘复诊’。所以，我做错的题目才越来越少，成绩才越来越好。”

说着，何包还走下讲台，拿出自己的“错题病历卡”给同学们看。燕子老师也看了看“病历卡”，还对何包赞不绝口。这让何包心里美滋滋的，心想：我又帅了许多。

何包日记

乐乐真是个学习小天才，他做的“错题病历卡”又清楚又详细，能够把与错题相关的知识点很快掌握。我用了他的办法，学习成绩有了明显的提高。而且，我还得到了燕子老师的表扬，这在我的求学过程中是绝对值得纪念的一件事！

第16章

我是词语大王

为了扩充同学们的词汇量，燕子老师在班里做了一个游戏，就是让大家说出词语的近义词和反义词。

燕子老师发现了一个问题，就是同学们的词汇量很有限：写人的心情，就只会用“高兴”“难过”；写景色，就只会用“美丽”“壮美”。所以她决定，在班里举办一个小小的知识竞赛，扩充大家的词汇量。

这天刚一上课，她就笑着对大家说：“同学们，我们今天不讲新课，只做游戏。”

大家一听要做游戏，都来了精神，纷纷撸起袖子，准备大展身手。何包和大壮非常心急，都快从座位上站起来了。

燕子老师说：“大家先别着急，听我说说游戏规则。咱们今天的游戏分两个部分，第一部分是找近义词，比如我说开心，你们可以说快乐、兴奋，都可以。第二部分是找反义词，比如我说开心，你们可以说难过。第一个回答正确的同学，就得到一分。游戏结束的时候，今天得分最高的同学，就是今天的‘词语大王’。”

同学们都觉得这个游戏很有趣，就催促燕子老师快点开始。燕子老师认真地想了想，说：“我们先从简单的开始，说出高兴的近义词。”

“兴奋。”文曲星率先回答。

“愉快。”娇娇说。

“喜悦。”乐乐说。

“快乐。”何包终于抢答了一个。

“起劲。”大壮说。

“欢喜。”文曲星又回答了一个。

“快活！”娇娇说。

就这样，大家你说一个，我说一个，很快就说出了很多同义词。对此，燕子老师非常满意，说：“刚才同学们的表现都很不错，现在换一道题目，说一说美丽的近义词。”

同学们都不甘落后，说出了“美观”“美貌”“优美”“美艳”“俊俏”“秀美”等很多词语。燕子老师总结道：“大家说的都非常不错。以后在写作文的过程中，我们就可以把这些词用进去，就比干巴巴地说‘美丽’好得多了。好了，接下来我们换一道题目，来说一说高兴的反义词吧。”

“生气。”又是文曲星率先回答。

“扫兴。”乐乐说。

“恼恨。”娇娇说。

“愤怒。”何包抢答。

“烦闷。”文曲星又回答了一个。

“哀伤！”娇娇说。

这一轮，大壮没有回答出来，他不高兴地说：“真郁闷。”

燕子老师笑着说：“大壮同学，你这个‘郁闷’也很正确。”

没想到自己居然歪打正着，大壮笑得合不拢嘴。

接下来，燕子老师又出了很多题目，既有近义词，也有反义词。同学们都开动脑筋，积极思考，很快就答出了很多词语。最后经过评选，文曲星成了这一次的“词语大王”。听到燕子老师表扬文曲星，何包心里别提多羡慕了，他想：“以后我要努力多记词语，下一次的‘词语大王’就是我啦！”

游戏结束后，燕子老师总结道：“我是因为发现大家作文中用的词语比较单一，所以才想出了这个办法，好让大家扩大词汇量。在日常学习中，我们每遇到一个词语，都可以自己去想一下，它的近义词是什么，反义词是什么。这样，时间长了，大家就能够积累起很多词语，成为像文曲星一样的‘词语大王’。”

晚上回家之后，何包想考一下爸爸妈妈，就对他们说：“爸爸妈妈，我今天在学校里做了一个游戏，觉得很有趣。你们能陪我一起玩吗？”

爸爸笑着说：“是什么游戏？”

何包说：“就是我说出一个词语，你们来说出它的近义词或反义词。老师说了，这样可以帮助我们扩大词汇量。”

妈妈不屑地说：“这有什么难的，你尽管放马过来，我绝对比你爸强。”

爸爸笑着说：“哟，没看出来嘛，你这么有自信？”

妈妈随意地说：“有啥不自信的？”

何包非常无语，只好抓紧开始，让爸妈回答问题。他提出的问题是：坐立不安的近义词有哪些？

“局促不安。”爸爸说。

妈妈没有说话。

“六神无主。”爸爸又说。

妈妈还是没有说话。

“七上八下。”爸爸又补充了一个。

妈妈依然没有说话。

“心乱如麻。”爸爸看着妈妈的脸色，小心翼翼地说。

妈妈还是没有说话。

见妈妈半天没说话，何包就说：“妈妈，你到底会不会呀？”

妈妈没吭声。

何包说：“妈妈第一次，妈妈第二次，妈妈第三次。比赛结束。”

直到现在，妈妈还是没有回答出来。

何包郁闷地说：“妈妈，我总算找到了我成绩不好的根源，都是因为你啊！”

妈妈说：“你自己不好好学习，怎么赖我呢？”

何包说：“你看你，跟爸爸抢答，爸爸回答了那么多，你却一个都回答不上来，是不是挺丢人的？要我说啊，我成绩不好，都是因为遗传。要是你能够聪明一些，我一定也能够像文曲星一样，成绩那么棒。”

然后他转向爸爸，兴奋地说：“爸爸，你太棒了！现在是四比零，你以压倒性的优势战胜了妈妈，你简直是史上最帅的爸爸！”

妈妈听了，不屑地说：“哼，你竟吹捧你爸爸！”

何包日记

为了提高我们的成绩，燕子老师真的是煞费苦心，又想出了一个这么好玩的游戏。虽然我没有成为“词语大王”，但是我也学会了很多词语。在这里，我要严肃地批评妈妈，她居然一个词语都答不上来，被爸爸以压倒性的优势战胜了！

我在为自己读书

张海君◎编著

商务印书馆国际有限公司
中国·北京

图书在版编目（C I P）数据

我在为自己读书 / 张海君编著 . -- 北京 : 商务印书馆国际有限公司 , 2020.6
（成长励志系列）
ISBN 978-7-5176-0740-3

Ⅰ . ①我… Ⅱ . ①张… Ⅲ . ①学习方法－少儿读物
Ⅳ . ① G791-49

中国版本图书馆 CIP 数据核字 (2020) 第 081708 号

WO ZAI WEI ZIJI DUSHU
我在为自己读书

编　　著	张海君
责任编辑	桑丛丛
封面设计	君阅书装
出版发行	商务印书馆国际有限公司
地　　址	北京市朝阳区吉庆里 14 号楼 佳汇国际中心 A 座 12 层
邮　　编	100020
电　　话	010-65592876（编校部） 010-65598498（市场营销部）
网　　址	www.cpi1993.com
印　　刷	三河市祥达印刷包装有限公司
开　　本	880mm × 1230mm　1/32
字　　数	62.4 千字
印　　张	3
版　　次	2020 年 7 月第 1 版第 1 次印刷
书　　号	ISBN 978-7-5176-0740-3
定　　价	90.00 元（全 5 册）

PREFACE 前言

随着孩子一天天长大，父母的烦恼也与日俱增：曾经天真烂漫的孩子，如今却叛逆心重，经常和父母对着干。作为父母，如何做好孩子人生路上的引路人？如何让孩子懂得感恩，懂得尊重父母呢？

在生活中，会有那种特别独立的孩子，当然，也会有什么事都依赖父母的孩子，这两种孩子是由于家庭教育的不同所造成的。作为家长，一定不要宠溺自己的孩子，因为你只能陪他走一程，不能陪他走一生。在陪伴孩子的时候，你要尽量让他自己学会独立，给他多一些尝试的机会。当发现孩子对某一事物特别感兴趣时，你千万不要扼杀他的兴趣，而要给予他正面的鼓励，他才会变得越来越好、越来越独立。

尊重他人，对于每个人来说都至关重要。对于孩子来说，更是如此。只有教孩子们学会了尊重他人，他才有被别人尊重的资本。

孩子的成长离不开父母的引导，也离不开书籍的陪伴。一本带有启迪性的好书，更容易将孩子引上正途。对此，家长们也是乐见其成的。因此，对作者来说，编写一套有教育意义又

能把正确的世界观、人生观和价值观涵盖进去的课外读物是非常重要的一件事。

中国教育部也非常关注少年儿童的心理健康和思想教育，多次修改教育大纲，也是为了让少年儿童更加出色。作者也正是秉承这一宗旨，为成长期的孩子量身打造了这套丛书。

这套丛书根据少年儿童的心理特点，以主人公何包的故事为核心展开叙述，主题多样。这些故事真切地发生在少年儿童的学习和生活中，给人身临其境的感觉。为了让这套丛书的可读性更强，作者不仅将少年儿童成长中的故事和真实发生的事例相互融合，而且邀请了优秀的插画师为本丛书绘制插画，让小读者在阅读过程中有更加直观的感受，更好地理解故事中所蕴含的意义。

在阅读这套丛书的过程中，小读者一定可以和主人公一起进步，从何包的故事中学会明辨是非、学会独立、学会学习、学会控制情绪、学会负责……

轻松幽默、富有教育意义的故事，不仅可以让孩子们从中学到优秀的品质，还可以帮助孩子们树立正确的世界观、人生观和价值观。

张海君

主要人物介绍

何包：男孩，活泼开朗，乐于助人，因为平时非常喜欢吃荷包蛋，所以有了“荷包蛋”的绰号。

娇娇：女孩，班长、学习委员，学霸，做事一板一眼，喜欢管教别人，有“公主病”。

乐乐：男孩，何包的死党，学习成绩好。

大壮：男孩，身体壮实，喜欢运动，体力超强。

文曲星：男孩，胆小怕事，做事总是小心翼翼，喜欢读书，爱幻想，易纠结。

吉姆：男孩，英国小朋友，跟随父母来中国，是插班生，典型的小绅士，颇受娇娇的喜欢。说着蹩脚的中文，经常被何包戏弄。

都美丽：女孩，绰号“肉嘟嘟”，娇娇的小跟班，典型的吃货、小胖妹。

燕子老师：班主任，兼语文老师，善良温柔，有时候也会暴走，变得非常凶。

高老师：数学老师，男，严厉。

钱老师：英语老师，女，温柔。

顾老师：体育老师，男，严厉。

何包妈妈：急性子，说话大嗓门，就算正常说话都好像要跟人吵架似的。最擅长“咆哮式”育儿方式，只要何包不听话，上来就是一顿吼。

何包爸爸：天津快板的狂热爱好者，不过是个慢性子，做什么事都不着急，就算遇到火烧眉毛的事情也能喝完一壶龙井茶再去办。

何包爷爷：戏曲老师，已退休，目前的人生理想是将何包培养成优秀的戏曲家。

目录

CONTENTS

CONTENTS

目录

第1章

讨厌的作业

何包非常讨厌写作业，为了不写作业，他甚至闹起了绝食，可是这么做并没有什么效果。

星期五下午，何包一边收拾书包，一边跟好朋友大壮抱怨：“我觉得老师们真的是越来越残忍了，布置的作业越来越多，我根本写不完。要是一个星期放假五天，只上两天学，那该多好呀。”

大壮非常理智地说：“这有什么好的？要是这样的话，老师一定会给我们布置更多家庭作业，那日子不更难熬吗？在学校里，咱们还能喘口气儿。”

何包一想，觉得大壮说的有道理，只好叹口气说：“唉，回家写作业去吧。”

何包到家的时候，妈妈已经做好了晚餐，见何包回来了，就说：“快去洗手吃饭，我今天做了红烧肉呢，感觉已经超水平发挥了。”

何包无精打采地把书包放在沙发上，去洗手间洗了洗手。回来的时候，爸爸妈妈已经在餐桌上就座了。

妈妈给何包夹了一块红烧肉，笑眯眯地问："何包，周末的作业多吗？"

何包苦恼地说："非常多，我感觉这个周末都要在写作业中度过了。"

爸爸遗憾地说："我们原来还想带你去郊区玩呢，既然这样，咱们就留在家里写作业吧。"

听到爸爸的话，何包把筷子往桌上一放，着急地说："我不想写作业，我想去郊区玩儿。"

妈妈严厉地说："你是学生，当然要以学习为主，以后有的是机会玩呢。现在快点吃饭，吃完饭就去写作业去。"

何包伤心地说："要是不让我出去玩儿，我就不吃饭。"

妈妈大声说："不吃就不吃，待会儿饿了别后悔。"

何包生气地离开餐桌，回到了房间。不一会儿，爸爸走进来说："何包，去吃点饭吧，红烧肉都快吃光了。"

何包咽了口口水，生气地说："我不吃，也不要写作业，就让我饿死算了。"

爸爸说："你写或者不写，作业都在那里，而且你妈妈已经决定不去郊区了，就算你不吃饭，也改变不了这个结果。如果你不好好写作业，周一会被燕子老师批评，你自己想想吧。"

何包知道，现在这个结果是改变不了了，他生气地说："我讨厌写作业。"

爸爸安慰他说："你是学生，就应该写作业。好了，快

点出去吃红烧肉吧。”

何包倔强地说：“我不吃。”

爸爸无奈地说：“那好吧，我出去了，你记得写作业啊。”

爸爸出去后，何包坐着发了一会儿呆，就去把门锁上，拿出自己珍藏的零食，悄悄地吃了起来。他想，早知道是这个结果，刚才还不如吃红烧肉呢，红烧肉可比这个好吃100倍。

吃完零食之后，何包拿出作业本，开始写作业。写了一会儿，他就觉得手有点酸，准备休息一下，又想看看红烧肉还有没有剩余，就打开门来到了厨房。

妈妈见何包出来了，以为他饿了，就问：“何包，你是饿了吗？”

何包说：“我不饿，我就是出来逛一逛，刚才写作业有点累。”

听说何包写了作业，妈妈非常高兴，说：“那你休息一会儿吧，我把刚才的红烧肉给你热一热，不吃东西怎么行呢！”

何包假装不太情愿地说：“那好吧，要不还得占个盘子，我来给你消灭一下吧。”

妈妈把红烧肉热好之后，何包开始狼吞虎咽地吃了起来，吃完之后，他又回到房间开始写作业。可是想到泡汤的郊区之旅，他就非常烦躁，根本写不下去，就早早上床睡觉了。

星期六一早，妈妈要去早市买菜，何包一听就坐不住了，非要跟妈妈一起去。

妈妈问：“你作业写完了吗？”

何包说："还没呢，也不差这一会儿，你就带我去放放风吧，要不然我会累死的。"

见何包这么说，妈妈只好带着他一起去了早市。来到一个摊位前，妈妈问："这芹菜怎么卖？"

摊主说："两块钱一斤。"

何包拿起芹菜看了看，说："妈妈，这太老了，你是看你的年龄买菜的吗？"

妈妈一听火冒三丈，赶紧放下芹菜，离开了这个摊位。

母子俩走了一会儿，居然遇到了妈妈的同事赵阿姨。赵阿姨一看到他们，就热情地打招呼："早啊，何包妈妈。"

何包妈妈笑着说："你早呀。"

赵阿姨看到妈妈身边的何包，说："哟，这不是何包吗？一段时间不见都长这么大啦，学习成绩怎么样？"

何包正在为作业发愁，听到赵阿姨这么问，阴阳怪气地说："阿姨，你有宝宝吗？"

赵阿姨笑着说："何包，阿姨还没有男朋友呢，怎么会有宝宝？"

何包说："阿姨，你少管别人家的闲事，多找时间去相亲，还是有希望嫁出去的。"

赵阿姨听到这句话，笑容凝固了。

何包妈妈非常尴尬，急忙给同事道歉，然后一把揪住何包的耳朵就回家了，菜都没买。

爸爸发现母子俩空着手回来了，就问："你们怎么没买菜？"

妈妈生气地说："何包今天老乱说话，得罪人，我赶紧把他带回来了。”

何包也郁闷地说：“谁让你们不带我出去玩，就逼着我写作业呢？”

爸爸说：“这样吧，如果今天你能够保质保量地写完作业，明天我们就带你去公园玩。”

何包惊喜地说：“真的吗？”

爸爸说：“我什么时候骗过你？”

何包说：“行，我这就去写。”

何包回到房间，情绪高涨地写起了作业，很快就把作业写完了。

何包日记

一开始我是非常不想写作业的，可是后来爸爸跟我说，如果我能保质保量地完成作业，就带我去公园玩。这给了我极大的动力，我很快就把作业写完了。以后我也得好好写作业，不能再拿绝食威胁爸妈了，因为我发现这样做一点儿用处都没有。

第2章

归零的成绩

在数学考试的时候，何包做了两手准备：在课桌上写公式，偷偷使用计算器。结果，他的数学得了零分。

在数学课上，高老师宣布，明天要进行单元测验，让大家提前做好准备，好好复习复习相关的知识。

一听说要进行单元测验，何包感觉自己的脑袋都快爆炸了。他小声嘀咕道："考考考，老师的法宝；分分分，学生的命根。"

大壮说："何包，你嘀咕什么呢？"

何包说："我只是在抒发一下对考试的不满啊！"

大壮说："要不咱俩是好朋友呢，真是英雄所见略同。我本来跟别人约好了去打球，可是高老师说什么单元测验，我是不是得回家复习复习？"

何包一听"打球"两个字，马上来了兴致，说："咱们还是先去打球吧，等打完再回家复习也不迟呀！”

大壮原本就不想复习，被何包这么一说，更加坚定了去打球的决心。于是，两个人背上书包，直奔操场而去。

等他们打完球，已经很晚了。他们背上书包，慢悠悠地回家，写完作业已经快10点了，看来是没有时间复习了。那明天的考试怎么办？何包想了想，来到客厅里，大声说：“爸爸妈妈，咱家的计算器在哪啊？我要用一下。”

爸爸说：“可能在茶几下面的抽屉里吧，你找一下。”

何包来到茶几旁边，拉开抽屉翻了翻，果然看到了计算器，他悄悄拿出计算器，回到自己的房间，放进了书包里，以便明天使用。

第二天早上，何包来到学校，一见大壮就问：“大壮，你昨天复习了吗？”

大壮无精打采地说：“别说复习了，我连作业都没写完呢！”

何包说：“我倒是写完了，可是没时间复习，不过我带了计算器来，实在不行的话，我就请计算器出马。”

大壮竖起大拇指说：“何包，你可真聪明，我怎么就没想到呢？”

何包得意地说：“要不怎么说我是聪明的何包呢！”

大壮说：“我现在去买计算器估计来不及了，哎，早知道我也把计算器带来，这样考试就不可怕了，哎，真是失策呀！”

何包忧愁地说：“可是光有计算器也不行呀，我有好多公式还没记住呢。”

大壮得意地说：“我有办法，一会儿你把公式抄在桌子上，等老师把试卷发下来，你用试卷一盖，保准谁都看不出来。现在你有了公式，还有计算器，这次考试稳了。”

现在轮到何包竖起大拇指了，他说：“太棒了，那我还怕什么考试呀！咱们现在就开始抄公式吧！”

到了第二节课，高老师拿着一摞试卷走了进来。他环顾一下四周，对大家说：“同学们，这次考试，我要求大家换个位置。”

何包一听换位置，脑子“嗡”的一下，那要是换了位置，公式岂不就白写了吗？他转了转眼珠，马上想到了办法，搬起桌子就要走。

高老师问：“何包，你搬桌子干吗？”

何包说：“老师，我用了这张桌子这么久，跟它有了感情，实在是离不开它呀，您就让我搬它吧！”

高老师说：“别胡闹了，快点放下桌子，开始考试了。”

何包没办法，只好放下桌子，好在他有一个秘密武器——计算器。他想：就算不知道公式，我用计算器，也能考个及格吧！

考试刚开始，何包就遇到了不会的题目，他趁高老师不注意，悄悄地掏出了计算器。可是刚做了一道题，他就被发现了，因为计算器发出了响声：“归零！”

高老师听到声音，大声问：“是谁在用计算器？”

何包慢吞吞地站了起来，说：“对不起，老师，是我。”

高老师生气地说：“只不过是一次小测验而已，你居然

作弊，现在你不用答题了，你这次考试的成绩也归零。”

说着，高老师就把何包的试卷收走了。

何包坐在座位上，又羞又气，真想找个地缝钻进去。

考试结束后，高老师对何包说：“何包同学，你跟我到办公室来一趟。”

大壮十分同情地看着何包的背影，说：“风萧萧兮易水寒，何包一去兮……”

后面的话何包没有听到，他已经走远了。

到了办公室，高老师把试卷往办公桌上一放，生气地说：“何包，说说吧，怎么回事？”

何包哭丧着脸说：“对不起，老师，我一时鬼迷心窍才这么做的，求你千万不要请家长啊！”

高老师说：“我问你，你为什么要作弊？”

何包说：“昨天我没有好好复习，跟大壮打球去了。后来，我担心考试不及格，就把家里的计算器拿来了。为了保险起见，我还把公式抄到了桌子上。”

高老师哭笑不得地说：“所以，你刚才才会要搬桌子，是吗？何包，我真是服了你了。”

何包低下头，一声不吭。

高老师说：“何包，今天的考试是对你们最近一段时间学习情况的检测，老师希望你能够正视，找出自己的不足，努力改进。如果你想要高分，老师可以给你写个100分，但是你想想，你真的高兴吗？”

何包羞愧地低下了头，说：“老师，我以后再也不会作弊了。”

高老师说："希望你真的能够意识到自己的错误，好了，这次我就不告诉家长了，以后你要吸取教训才行。"

何包低声说："老师，我记住了，不会再有下次了。"

高老师说："好的，今天的事情，就当成我们之间的一个小秘密，我不会告诉任何人。"

何包感激地看了看高老师，默默地离开了办公室。

何包日记

今天我又犯了一个大错误，在数学考试的时候作弊了，还被高老师叫进了办公室。后来我就意识到，考试只是对我最近一段时间学习情况的检测，作弊欺骗的是自己，我保证以后再也不会作弊了。

第3章

战胜拖延症

妈妈经过观察，发现了何包写作业的时间越来越长的奥秘，于是限制了他吃饭的时间和上厕所的时间。

最近一段时间，何包写作业的时间越来越长，以前九点多就能写完的作业，现在到了10点钟还没写完，而且何包总是边打哈欠边写作业。当何包好不容易收拾完上床睡觉，就已经是很晚了。第二天，他再匆匆忙忙地爬起来去上学。

妈妈觉得非常奇怪，就翻看了何包的记事本，发现他的作业并没有增多的迹象。那到底是什么原因导致何包写作业越写越晚呢？妈妈决定观察一下何包回家之后的时间安排。

这天下午放学后，何包刚一进门，就把书包往沙发上一扔，边看动画片边等待吃饭。等到妈妈把饭端上饭桌后，他一边吃饭，一边给爸爸妈妈讲述今天在学校里发生的趣事。一顿饭至少要吃上一个小时。

等到何包吃饱喝足，已经是晚上7点多了。这时候何包还不开始写作业，而是要先上个厕所。在厕所里，他要听连载故事，一听就是半个小时。等到这一切做完，已经快要晚上8点了。何包这才不紧不慢地掏出作业开始写，刚写了不久，就已经9点多了，可作业还没写到一半。这样下来，每天到10点多写完作业就成了正常现象。

妈妈观察完之后发现，何包的拖延症太严重了，必须要采取措施才行，要不然只会形成恶性循环。

有一天放学之后，何包又像往常一样，把书包往沙发上一扔，就准备去开电视。

妈妈赶紧从厨房里走出来制止了他，说："先不要看电视了，去写作业，一会儿我把饭做好了叫你。"

见妈妈发了话，何包只好乖乖地去写作业。何包写了半个多小时，妈妈把饭做好了。何包就兴奋地跑出来吃饭，边吃边说起了今天在学校里发生的趣事。

他刚说了一会儿，就被妈妈制止了。妈妈说："停，何包，古人说食不言寝不语，你知道什么意思吗？"

何包摇了摇头说："不知道。"

妈妈说："就是吃饭的时候不要说话，睡觉的时候也不说话。现在把嘴闭上，乖乖吃饭。"

何包还想反抗。妈妈说："现在是6点，半小时后，我就会收拾桌子，如果你还吃不完，就饿着肚子吧。"

何包说："妈妈，这古人不是还说要细嚼慢咽吗？你规定了我的吃饭时间，我只能狼吞虎咽，这样会不利于我的健康的。"

妈妈说："就算细嚼慢咽，半个小时也能吃饱了。你要是再不快点吃，我可真的把饭端走了。”

何包怕妈妈真的言出必行，一会儿不给自己饭吃，只好乖乖地闭上嘴，大口吃起饭来。于是，还没到半小时，何包就吃完了晚饭。

吃完晚饭，何包就拿着平板电脑来到厕所，准备边听连载故事边上厕所。

妈妈说：“你上厕所的时间不能超过10分钟，否则我就把平板电脑没收，让你再也没有故事可听。”

何包哀求道：“妈妈，不要吧！”

妈妈严厉地说：“没得商量，你要去厕所就快点去吧，现在还有9分钟。”

没办法，何包只好速战速决。不到10分钟，他就从厕所走了出来。

妈妈满意地说：“非常不错，现在你已经完成了吃饭和上厕所两件大事，今天足足比昨天节省了一个小时。我想，你今天大概9点就能写完作业了。”

何包说：“原来你是为了让我快点写作业啊，真是煞费苦心。可是我节省出这一个小时有什么用呢？”

妈妈说：“一个小时的用处可大着呢。你可以早早上床睡觉，可以用来复习功课，也可以看看课外书，干点什么不比你在厕所里磨蹭强啊。我已经发现了，你之所以总是写作业写到那么晚，就是因为拖延症太严重。从今天开始，我就要让你彻底改掉这个坏毛病。”

何包想了想，觉得妈妈说得有道理，就痛快地回房间写作业去了。结果刚到9点，他就已经写完了所有的作业。

何包拿着一本课外书来到爸爸妈妈的房间，小声说："爸爸妈妈，我的作业写完了，你们可以带我读一会儿课外书吗？"

妈妈笑着说："当然可以，从现在到晚上10点，都可以作为你课外阅读的时间。"

何包惊喜地问："那要是我更早完成作业，是不是就有更多的时间了？"

妈妈说："当然，挤出来的时间都可以由你自己支配。"

何包和妈妈读了半个小时的课外书，就有点儿困了，然后就去睡觉了。第二天一早，他比平时起得都早，就早早去了学校。平时他都是踩着铃声进学校的，这一次他却赶上了晨读，这让他感觉非常棒。

晚上到家之后，何包高兴地对妈妈说："妈妈，我今天在学校的感觉特别棒。因为我以前总是迟到，今天却赶上了晨读，而且还能在上课之前放松一下，这种感觉真是太美妙了。我决定从今天开始，告别拖延症，但是一开始我可能需要你的监督。"

妈妈高兴地说："当然可以了。"

何包日记

原来我对时间没什么概念，吃饭的时候磨磨蹭蹭，上厕所也拖拖拉拉，白白浪费了大把时间。妈妈发现我的问题后，对我的时间安排进行了限制，帮助我战胜了拖延症，现在我写作业的时间已经大大缩短了。

第4章

何包的细心表

妈妈发现，在一次考试中，何包因为粗心就丢掉了17分，所以为何包制订了一个细心表，好让他及时改掉粗心的毛病。

何包有一个毛病，就是粗心，有时候考试的时候，他会把题目看错。等到试卷发下来，他才恍然大悟：“哦，这道题原来是这么说的，我之前没看清题干，才会做错的，怪不得我不会。”

今天，何包拿回一张只考了65分的试卷让妈妈签字。妈妈接过试卷，看到分数这么低，气就不打一处来。可是她没有发火，而是仔细分析了试卷，发现何包不是把数字写错了，就是把简单的加法算错了，单这一次考试，何包就因为粗心丢了十几分。妈妈想，可不能再听之任之了，一定得想个办法帮何包才行。

于是她拿着试卷来到何包身边，把试卷放在他面前，说："何包，先别着急写作业，妈妈和你一起来分析一下这张试卷。"

何包不满地说："考都考完了，还有什么可分析的呀？我知道这次考得不好，我以后会努力的。"

妈妈和气地说："何包，妈妈并不是要批评你，而是想和你找一下这次考试失分的原因。如果是因为知识上的缺陷，妈妈可以跟你讲清楚，如果是因为你自己粗心，就得需要你自己解决了。"

何包觉得妈妈说得有道理，就说："好啊，妈妈，你说吧。"

妈妈指着试卷上的题目，一道一道进行分析，最后说："何包，这次你只考了65分，而因为粗心丢掉的分就有17分，如果加上这17分的话，你就是82分，在班里的成绩会非常不错。你想不想下次的成绩好一些呢？"

何包从来没有想过自己能够考82分，听到妈妈说因粗心丢了这么多分，忍不住十分心疼，就说："妈妈，我以前没想过我会因为粗心丢这么多分，你说我下一步该怎么办呢？"

妈妈说："我看了，你的粗心点就在于很多题目看错了，所以，我给你想了一个办法。"

何包高兴地问："什么办法呀，妈妈？"

妈妈说："妈妈带你出去玩的时候，有时候会路过一些事故多发地段。你好好回想一下，这些地段跟其他的地段有什么不一样？"

何包仔细想了想，说："我记得这些地方好像有提示牌，说这里事故多发。"

妈妈笑着给何包点了个赞，说："不错，你观察得非常细致。我想，你在做题的时候，也可以学交警叔叔那样。"

何包疑惑地说："妈妈，我有点儿听不明白。"

妈妈说："我发现，你之所以粗心，是在审题时，思维容易滑过去。所以我给你想的办法是，以后你在做题的时候，可以先暂停一下，闭上眼睛数三个数，再睁开眼睛继续写，这样就不容易出错了。"

何包问："妈妈，这么做真的有效果吗？"

妈妈说："当然有了，因为你没有让思维滑过去，而是特意给它设置了一个障碍。"

何包说："好，那我先按照你说的试一下，希望可以有效果。"

妈妈笑着说："当然会有效果，而且为了让你改掉粗心的毛病，妈妈会给你奖励。"

何包连忙问："什么奖励？"

妈妈说："我会在家里设置一张细心表，你每细心一次，我就给你画一个红色五角星，每5个五角星可以兑换一个奖励，比如给你买一件玩具，或者带你去吃好吃的。集齐10个五角星，就可以换一个大奖励，但是这个奖励妈妈现在还没有想好，可以由你自己提。"

何包惊喜地说："真的吗？简直太棒了！"

妈妈笑着说："当然是真的。"

何包说："好，妈妈。我现在就开始修改这份试卷，一会儿改好了给您看看。如果您觉得我改得还不错，这次可以给我一个五角星吗？"

妈妈说："当然可以了。那你先改吧，我现在去给你做细心表。"

妈妈来到客厅，给何包做了一张细心表，还准备了很多五角星。不一会儿，何包改完试卷，就兴奋地拿着试卷出来，对妈妈说："妈妈，你看，我改完了。我发现确实有很多题目是因为我粗心错的，现在我已经把它们全部消灭了。"

妈妈接过试卷，仔细检查了一遍，对何包说："非常不错。好了，现在可以给你奖励一颗五角星。你说吧，想把这个细心表贴在哪里？"

何包想了想，说："就放在客厅里吧，这样你和爸爸都能看到我的进步。"

妈妈笑着说："可以，现在由你亲自去贴上吧。"

于是，何包拿起细心表，把它贴到了客厅的墙上。每次路过客厅的时候，他都会看一看这张表，激励一下自己。时间长了，他的五角星越来越多，粗心的毛病也改掉了。

何包日记

在妈妈检查我的试卷之前，我并没有意识到自己会因为粗心丢掉那么多分。妈妈检查完我的试卷后告诉我，我因为粗心丢了17分，这让我十分震惊。现在我已经改掉了粗心的毛病，还得到了一个大型变形金刚模型，这种感觉真棒！

第5章

燕子老师设的陷阱

燕子老师给同学们发了一张试卷，让大家在5分钟之内完成。后来大家才发现，原来这是燕子老师设下的陷阱。

“丁零零——”

上课铃声响了，燕子老师手里拿着一大摞试卷，带着神秘的笑容走进了教室。

同学们看到老师手里的试卷，都忍不住哀嚎起来。

“天啊，怎么又要考试？”

“这周都考了两次了，就不能让我们喘口气吗？”

等同学们抱怨完了，燕子老师才笑着说：“今天这可不是考试，而是咱们班的智慧小博士的评选，大家看到我手里的这张试卷了吗？如果你们谁能在5分钟内完成这份试卷，并且把试卷上的题目全部做对，就是今天的智慧小博士。”

同学们听到燕子老师的话，讨论的声音更大了。

文曲星站起来说："老师，我觉得5分钟内完成一份试卷真的很有难度。"

何包也站起来说："老师，文曲星是学霸，都觉得5分钟之内没法完成这次的试卷。像我这样的学渣，就更不可能完成了。"

燕子老师笑着说："大家先别急着怀疑自己，不试试怎么知道自己不行呢？"

何包振振有词地说："世上无难事，只要肯放弃。"

燕子老师说："别抱怨了，现在准备考试吧。"

说着，燕子老师就把所有的试卷分发下来，对大家说："好了，现在是不是已经人手一张了？那大家就开始吧，我开始计时了。"

等拿到试卷之后，同学们的表现各不一样，有的已经开始奋笔疾书，有的还在慢吞吞地审题。

何包一边看着其他同学的表现，一边焦急地等待着试卷发下来。

拿到试卷之后，何包也不甘落后，拿起笔刷刷刷地写起来，可是这些题也太难了，几乎都不会呀。

何包看完第一题，不会写；又看第二题，还是不会写。第三题倒是很简单，写自己的名字。第四题也很简单，写自己的班级。一整张试卷看下来，他也只会写这两道题。

不过何包并不气馁，他想：不管我会不会，先把答案写上，说不定老师看在我辛苦的分儿上，能给我几分。于是他拿起笔，刷刷刷地写了起来。

没过一会儿，就听到燕子老师在讲台上说："同学们，最后一分钟，请大家抓紧时间。"

听说只有一分钟了，何包又加快了速度，很快就做到了最后一题。看到最后一题的时候，何包简直不相信自己的眼睛，他使劲揉了揉眼睛，又仔细看了看，才发现上面清清楚楚地写着："看完试卷后，请只做第三题和第四题。"

何包跳回去一看，发现第三题是写自己的名字，第四题是写自己的班级。看到这里他才明白，原来自己掉进了燕子老师设置的陷阱。现在他真后悔，刚才干嘛不用铅笔写呢？现在不就可以把答案擦掉了吗？

有几个机灵的同学确实是用铅笔写的，他们也看到了最后一题，就开始疯狂地用橡皮擦刚才写上的答案。

燕子老师微笑着看着大家，什么都没说。等到时间到了，她才大声说："好了，同学们，时间到了，该交卷了。"

很快，燕子老师就把所有的试卷收了回去，开始看试卷。同学们坐在下面，开始小声议论。

"早知道我就先看试卷了，白写那么多，累得手都酸了。"

"我也是，写了好多呢，幸好是用铅笔写的，刚才擦掉了不少。"

……

不一会儿，燕子老师就把所有的试卷都看完了，她说："我刚才看了一下，符合我要求的只有文曲星和娇娇同学的试卷。也就是说，今天的智慧小博士是文曲星和娇娇。至于其他同学，很抱歉，都不合格。"

何包不满地站起来说："老师，你怎么能挖下陷阱坑害我们呢？我们费劲写了半天，最后发现这些题目都不用回答，你想过我们心里的感受吗？”

燕子老师笑着说：“我曾经跟你们强调过很多次，拿到试卷之后一定要先浏览，可是你们根本不听呀。而且只要你们稍微动动脑子就能知道，这满满的一张试卷，5分钟内怎么可能答完呢？”

何包说：“那你也应该提前告诉我们一声呀！”

燕子老师说：“我强调了很多次，你们都不放在心上，现在反过来埋怨我，老师真是比窦娥还冤啊！”

听到燕子老师的话，同学们都哈哈大笑起来。

何包听了实在无言以对，只好垂头丧气地坐下了。

燕子老师笑着说：“这次给你们进行这场测试，就是想让大家知道，审题是非常重要的。有很多信息就藏在题干中，只要我们仔细阅读，就能够读出来。”

同学们都大声说：“知道了！”

何包日记

因为我考试的时候不注意审题，才落进了燕子老师设置的陷阱里。不仅是我，班里的大部分同学都掉进陷阱里了。不过在这之后，我们一定会吸取教训，再也不会落到同一个陷阱里。

第6章

“包觉主”不见了

何包在课堂上睡觉，被燕子老师抓了现行。燕子老师非常生气，还送给他一个“包觉主”的外号。

为了提高何包的学习成绩，爸爸妈妈为他买了一个学习机。原本这是一件好事，可是慢慢地，事情的发展就有些不受控制了。

因为何包在使用学习机的时候，无意中发现上面居然有好多游戏。一开始他只是想玩一下，没想到这些游戏太好玩了，一玩起来就根本停不下来。

最初，何包还只是每天做完作业之后玩一会儿，后来发展到晚上熬夜玩游戏。到白天上课的时候，他一点精神都没有，有好几次都快睡着了。

一天上语文课的时候，何包实在坚持不住了，他把课本立起来挡住自己，趴在桌子上睡着了。

很快，燕子老师就发现了不对劲，因为何包一直保持着这

个姿势。她大声说：“何包，请你起来回答一下这个问题。”

现在何包睡得正香，根本没有听到燕子老师在叫自己。

燕子老师提高了音量，大声说：“何包！”

何包还是毫无反应。

燕子老师有些生气了，她拿起一根粉笔，瞄准何包的方向扔了过去。

粉笔击中了何包，可他还是毫无反应。

燕子老师生气地说：“大壮，你把何包叫起来。”

大壮眨巴着眼睛说：“老师，是你把他弄睡的，还是你来叫吧，要不一会儿何包醒了该跟我发脾气了。”

燕子老师生气地说：“快点把他叫醒！”

没办法，大壮只好用力地踢了何包的凳子两脚，可何包还是没有醒来的迹象。

见何包不起来，大壮准备拿出杀手锏。大壮把课本卷成一个筒，凑到何包身边，大声说：“何包！放学了！”

何包一听“放学”两个字，迅速蹦了起来，开始收拾书包。

同学们都哈哈大笑起来。

听到同学们的笑声，何包抬头一看，才发现燕子老师还在讲台上，就说：“老师，都放学了您还没走啊？”

燕子老师生气地说：“什么时候放学了？现在是上课时间，你怎么睡着了？”

何包挠挠头说：“没放学啊，我就说我不可能睡这么久嘛！”

燕子老师几乎都要暴走了，她大声说：“何包！你给我说清楚，上课为什么要睡觉？”

何包支支吾吾地说：“老师，您讲课特别有趣，我特别爱听，听起来眼睛都不想眨一下。可是刚才我正在认真听讲，周公就来找我，非要跟我一起下棋。我人小力气小，他的力气那么大，所以就被他给带走了。”

见何包在一本正经地胡说八道，燕子老师非常生气地说：“何包，我听说你喜欢大家叫你帅哥，是吗？我看你应该叫包觉主啊！上课就睡觉，不是觉主是什么？”

见老师不但没有惩罚自己，还封自己为教主，何包美滋滋地说：“好啊，老师，那我就是咱们班的教主了，只是是个什么教呢？”

燕子老师转过身，在黑板上写下了睡觉的“觉”，大声说：“你是这个觉主！”

同学们又哄笑起来。

何包知道燕子老师是在说自己上课睡觉的事，羞得低下头不说话了。

燕子老师说：“你先坐下吧，好好听讲，下课到我办公室来一趟。”

下课后，何包耷拉着脑袋跟着燕子老师走进了办公室。

燕子老师把书往办公桌上一放，说：“说说吧，上课为什么睡觉？是夜里挑灯夜读了吗？”

何包羞愧地说：“老师，我要是有那股学习劲头，我至于成绩这么差吗？我不想骗您，我上课睡觉是因为晚上熬夜玩游戏了。”

燕子老师说：“哪来的游戏？”

何包说："爸爸妈妈为了让我好好学习，给我买了台学习机。有一天我无意中发现上面有很多好玩的游戏，然后就一发不可收拾，玩起来没完没了。"

燕子老师说："你是用学习机熬夜玩游戏，是吗？那这件事情可严重了，我得告诉你的爸爸妈妈才行。"

何包急忙说："老师，千万不能让我的爸爸妈妈知道啊，要不他们会把学习机没收的，那这钱不就白花了吗？"

燕子老师说："那你想下一步怎么办？继续熬夜玩游戏吗？你是不想上学了，还是想要一双近视眼？"

何包说："老师，我也知道这样不好，可是游戏真的太好玩了。我控制不住自己，要不你帮我想个好办法？"

燕子老师说："这很简单啊，你把学习机上的游戏卸载，不就可以了？"

何包摇摇头说："不行啊，老师，万一我哪天又想玩了呢？"

燕子老师无奈地说："何包，你可真让我头疼。这样吧，你把游戏机拿来，我给你设置一个密码。不想玩的时候就别玩，实在想玩了，我就把密码告诉你，但是你玩的时间不能超过一个小时。然后我会把密码改掉，下次你再想玩了，再找我要密码。"

何包想了想，为了保住学习机，也只能这么办了。他回到教室，把学习机拿到燕子老师面前，说："老师，您来设置密码吧，我暂时先不玩了。等我实在想玩的时候，再找您要密码。"

燕子老师笑着说："好啊，这样的话，你这个'觉主'

的位置就不保了。”

何包羞愧地说：“老师，我可不想当什么‘觉主’。”

燕子老师开玩笑说：“不当可不行，你这好不容易争取到的。”

何包羞愧地说：“容易，容易，反正我是不当了，我保证。”

何包日记

哎，原本爸爸妈妈给我买学习机是一件好事，我却没有好好利用它，反而用它玩游戏，导致上课的时候睡着了，还被燕子老师叫作“包觉主”。这让我觉得十分丢人。我不再熬夜玩游戏了。我要好好读书。

第7章

我也能写好作文

在学校举办的建国70周年征文大赛上，何包居然破天荒地拿到了二等奖，他是如何做到的呢？

下课之前，燕子老师笑着宣布：“同学们，最近学校要举办建国70周年征文大赛，每个同学都可以参加。希望大家都重视这件事情，好好构思，写出一篇好的作文。”

何包大声问：“老师，要是获奖的话，会有什么奖励？”

大壮说：“何包，你想太多了，我就不信你能拿奖。”

何包不服气地说：“你怎么看不起人呢？我还非要拿个奖给你看看。”

大壮说：“何包，要是你能拿奖，我就倒着走。”

见何包和大壮争论起来，燕子老师赶紧说：“好了，大家都好好准备，争取拿出自己的最好水平。”

何包却说：“老师，我愿意和大壮打赌，要是我能拿奖，就让他倒着走给我看。”

燕子老师刚要说什么，同学们都开始大声起哄。燕子老师赶紧制止他们，说："好了，大家好好准备吧。"

下课后，何包一反常态没有出去玩，而是在教室里看起了作文书。

大壮说："何包，你可不能为了赢我而作弊呀。"

何包说："我是那样的人吗？我只是想找找思路，看看怎样才能写出一篇好的作文，把你打败。"

大壮笑着说："好啊，我等着。"

放学回家后，何包一口气翻出好几本作文辅导书，翻了一本又一本。妈妈见他把书弄得乱七八糟，就问："何包，你这是干什么呢？"

何包说："学校要举办建国70周年征文大赛，我正在翻阅资料，想找一个好的主题，写出一篇好作文来。"

妈妈笑着说："那你翻这些书可没有用，因为这些书早就出版了，跟建国70周年根本没有任何关系呀。"

何包泄气地说："那怎么办呀？我还和大壮打赌了呢，要是输了，多丢人呀！"

妈妈说："你这么想可不对，写作文是为了自己，怎么能和别人打赌呢？"

何包说："妈妈，现在说这些都晚了，你快帮我想想办法。"

妈妈想了想说："以你现在的年纪，很多事例都不知道，我觉得，不如从我们身边的变化入手。"

何包说："什么变化？"

妈妈说："你看看咱们家的厨房，你有什么感想？"

何包说："厨房？我没什么感想啊。我觉得咱们家的厨房很大，非常干净，还有一个大大的电冰箱，还有抽油烟机，但是其他人家的厨房也是这样，没有什么特别的。"

妈妈笑着说："现在咱们的生活条件好了，大家的厨房都是窗明几净，燃气灶用起来也非常便捷。可是在妈妈小时候，我们住在农村，那时候连个厨房都没有，只有一个土坯搭起来的灶台。每次生火做饭的时候，都要用玉米秆，烧完之后呢，灶膛里会有很多灶灰，要把灶灰扒出来，才能通风好。"

听着这些，何包感觉非常难以理解，因为从他出生到现在，他从来都没有见过妈妈说过的这种灶台。

妈妈见他一副听不懂的样子，就说："走，我带你上网搜索一下，让你见识见识妈妈小时候用过的灶台。"

妈妈打开电脑，搜索出灶台的照片，对何包说："小包子，你看，这就是妈妈小时候用过的灶台。那时候做饭可不方便了，每天都要扒灰，经常会把灰尘吸进鼻孔里，可难受了。"

何包听得津津有味，说："那后来呢？"

妈妈说："后来我们家就有了液化气，用起来非常方便。只要打开开关，就能生火做饭。"

何包说："就和咱们家现在用的一样吗？"

妈妈说："不是的，那时候有一个大液化气罐。要是液化气用完了，还得骑车到镇上去灌气，其实也很麻烦的。而且当时的液化气也不是很安全，有时候不小心还会爆炸呢！"

何包点了点头，说："我记住了，那咱们家现在用的是什么呢？”

妈妈说：“咱们家现在用的是天然气，没有了那个丑丑的大罐子，交费也非常方便，在手机上就能完成。妈妈说了这么多，你想好怎么写作文了吗？”

何包说：“妈妈，我想写一写从您小时候到现在的灶台的变迁，您觉得可以吗？”

妈妈说：“当然可以，我觉得这一定是一个非常好的素材。”

何包回到房间，仔细回想了妈妈刚才的话，郑重地写起了作文。

第二天，何包把作文拿到学校，交给了燕子老师。

燕子老师仔细一读，惊讶地说：“何包，这真的是你写的吗？”

何包说：“当然啦，咱们班谁还能写出我这样的字体？”

燕子老师不由得竖起大拇指说：“何包，老师觉得你这篇作文非常棒。不出意外的话，大壮同学真的要倒着走了！”

听到燕子老师的话，何包心里别提多美了。

征文评比结果出来了，何包拿了个二等奖。这还是何包第一次拿奖呢，这让他高兴极了。燕子老师不但在班里表扬了他，还让他介绍写作经验。

何包挠挠头说：“以前我觉得写作文是一件非常痛苦的事。可是，这次征文让我发现，写作文一定要言之有物，写出真情实感，这样就非常简单了。”

燕子老师笑着说：“何包同学说的很好，我们为他鼓掌。”

大壮也说到做到，在班里倒着走，还对何包说："何包，我以后再也不小看你了。"

何包得意地说："行，希望你吸取今天的教训，以后不要再小看我。不然，下次说不定你还得遭受别的惩罚呢，那样可不好！"

大壮心服口服地说："我保证，从今天开始再也不会小看你。"

何包日记

原本我觉得写作文是一件非常头疼的事，每次写作文都要累死我很多脑细胞。可是这次大壮跟我打赌，这激发了我写好作文的决心。后来，我在征文比赛中拿到了奖，这让我知道了写好作文的奥妙。

第8章

当燕子老师不在时

燕子老师临时去开会，何包和大壮就在班里调皮捣蛋，没想到正好被年级主任给抓住了。

下午第一节是语文课，燕子老师踩着铃声走进教室，对大家说：“同学们，刚才老师接到通知，临时要去开个会，所以现在你们要自习一下。”

同学们听到“自习”两个字，立刻欢呼起来。

燕子老师无奈地说：“我很快就回来，你们要遵守课堂纪律。”

可是她的话是那么无力，因为同学们现在十分兴奋，根本听不进去。

燕子老师前脚离开教室，后脚同学们就开始“放羊”了。何包更是来了个一百八十度转身，和大壮面对面地聊起了天。

“你最近发现什么好玩的游戏没？”何包问。

“没有什么好玩的，都是老掉牙的东西，我准备有时间去游戏厅看看……”大壮说。

这时候，娇娇站起来大声说：“同学们，现在老师不在，请大家自觉遵守课堂纪律。”

何包不屑地说：“山中无老虎，猴子称大王。”

娇娇生气地说：“何包，你说谁是猴子？”

何包说：“谁接话我就说谁呗！”

娇娇生气地说：“何包，燕子老师刚走，你就转过身去和大壮说话，你可别怪我报告老师。”

何包听到“报告老师”几个字，烦躁地说：“娇娇，你除了这四个字还会说点别的吗？我听得耳朵都起茧子了。”

娇娇说：“不报告老师怎么办？老师刚出门，你们就开始调皮捣蛋。”

何包说：“请注意你的用词，我这怎么能叫调皮捣蛋？我这是在释放我作为少年的天性，你懂不懂啊？没文化真可怕呀！”

见何包蛮不讲理，娇娇生气地坐下了。

见娇娇败下阵来，何包和大壮更加嚣张了。他们两个一下冲到讲台上，学着燕子老师的样子说：“同学们，我宣布，今天我们这节课的主要任务，就是……”

“玩！”何包和大壮异口同声地说。

被他们这么一带动，班上的几个捣蛋鬼也不安分了，开始闹腾。一时间，娇娇管了这个管不了那个，教室里就像花果山一样热闹非凡。

突然，一个身影站在了门口，同学们仔细一看，居然是

年级主任来了，一时间都闭上嘴不说话了。

可是何包和大壮还在讲台上站着呢，根本来不及逃跑，就被年级主任抓了个现行。

年级主任问：“你们怎么回事？现在是上课时间，为什么在这儿玩闹？老师去哪儿了？”

文曲星站起来说：“主任，我们老师开会去了，刚走了一会儿。”

主任问：“那这两个同学是怎么回事？不好好自习，跑到讲台上来干什么？”

何包和大壮都低着头，一声都不敢吭。

年级主任生气地说：“你们两个，跟我到办公室一趟。”

见惹祸了，何包和大壮就像霜打的茄子一样，灰溜溜地走下了讲台，垂头丧气地跟在主任后面走了出去。

其他同学见闯了大祸，都老老实实地坐着，不敢再捣乱了。

过了一会儿，燕子老师回来了，见大家都这么安静，高兴地说：“刚才老师开会，你们都在自主学习，表现得非常不错，老师给你们点赞。”

娇娇站起来说：“老师，刚才年级主任来了，正好何包和大壮在讲台上捣乱，就被他抓了现行。现在，他们两个已经去了主任的办公室。”

燕子老师仔细一看，发现何包和大壮真的不在座位上，她无力地用手捂住了额头。

年级主任办公室里，年级主任生气地说：“说说吧，你们两个是怎么回事？为什么要到讲台上捣乱？”

何包支支吾吾地说："对不起，主任，我们只是一时觉得好玩。"

主任生气地说："三尺讲台是教书育人的地方，你们居然说觉得好玩？是不是想让我请家长？"

大壮赶紧说："主任，我们知道错了，千万别请家长。"

何包也说："主任，我也知道错了，以后我们再也不敢了。"

见他们两个态度诚恳，主任就说："既然知道错了，就说说错在哪里了吧。"

何包说："刚才趁老师不在，我们两个就不自觉，在班里调皮捣蛋，不但自己不学习，还影响别的同学，真的很不应该。"

主任说："学习还是得靠自己，老师不可能24小时盯着你们。如果你们不自觉，老师也没有办法，一个班里那么多同学，她不可能关注到每一个人。你们要记住，你们是在给自己读书，不是给老师读书。"

何包和大壮低着头说："对不起，主任，我们记住了。"

主任说："好了，你们先回去吧，如果再让我抓到的话，我就不客气了。"

何包和大壮来到教室门口，见燕子老师正在讲课，羞愧地说："报告。"

燕子老师看了他们一眼，说："进来。"

何包和大壮走到讲台前面，给燕子老师鞠了一躬，羞愧地说："对不起，老师，我们错了。刚才不应该在班里捣乱，还影响其他同学学习，请您原谅我们。"

燕子老师说："既然你们认识到了错误，那这次就算了。希望你们吸取教训，回去坐下吧。"

何包急忙点点头说："好的，老师。我以后一定会吸取教训。"

大壮也说："老师，我也吸取教训，争取以后不再让年级主任抓到，嘿嘿。"

何包日记

下午上课的时候，燕子老师临时去开会了，我和大壮就开始调皮捣蛋，结果正好被年级主任给抓住了。在年级主任的批评教育下，我知道了自己并不是在给燕子老师读书，而是在给我自己读书。今后我不会再这样调皮捣蛋了。

第9章

做不完的辅导书

何包妈妈去学校里开家长会，从娇娇妈妈和文曲星爸爸那里得知，娇娇和文曲星每天都会做一些辅导书上的题目。

见何包的成绩总也提不上来，何包妈妈十分郁闷，趁着去开家长会的时候，跟娇娇的妈妈和文曲星的爸爸请教经验。这两位家长都说，他们的孩子在完成作业之后，还会做一些辅导书上的题目。

何包妈妈心想：既然别的孩子都有辅导书，那我也给何包买几本。

开完家长会，何包妈妈就去了图书市场，一口气给何包买了3本语文辅导书、4本数学辅导书、3本英语辅导书，美滋滋地抱回了家。

何包正在家里忐忑地等着妈妈，听到门被打开的声音，他就冲到门口，对妈妈说：“妈妈，老师有没有说我的成绩怎么样？”

妈妈说：“还能怎么样？有待提高呗。不过我今天也算是没白去，收获很大呢！”

何包问：“给我开家长会，你能有什么收获？”

妈妈得意地举起手里的袋子，说：“看到了没？这一袋子都是。”

何包说：“妈妈，这是你给我买的好吃的吗？”

妈妈说：“不是物质食粮，是精神食粮。娇娇的妈妈和文曲星的爸爸告诉我，他们的孩子在家里都会做一些辅导书上的题目，所以我给你买了一大堆辅导书。从今天开始，你每天写完作业之后，都要做一部分辅导书上的题目。”

何包哭丧着脸说：“妈妈，我写作业都非常吃力了，能别再给我增加学习任务了吗？”

妈妈斩钉截铁地说：“不行，你都四年级了，成绩还这么差，小升初的考试怎么办？别跟我讨价还价，从今天开始，我盯着你做这些题。”

何包无奈地叹了口气，从妈妈手里接过书，就回到了房间。

他拿出这些辅导书，打开一本看了看，发现里面的题目大部分都不会。他想了想，准备还是先写作业。

好不容易写完作业，何包刚要喘口气，妈妈就进来了，见何包已经写完了作业，就说：“好了，现在妈妈陪你做辅导书上的题。快点开始吧，要不然这么多书什么时候才能做完？”

于是，何包无精打采地拿出一本数学辅导书，翻开第

一页开始写。刚写了两道，他就愁眉苦脸地说："妈妈，这道题我不会。"

妈妈仔细看了看这道题，说："这不是和你课本上的例题非常类似吗？只不过是换了个数，你就不会做了吗？"

何包拿出课本，找到妈妈说的那道题，仔细看了一遍，才慢吞吞地把辅导书上的那道题答上。

刚写了几道，何包又遇到了一道不会的题目。这次不等妈妈开口，他就主动把课本翻了出来，直到把例题看明白，又继续做题。

就这样，一晚上下来，何包才做了十几道题，又没少挨妈妈的批评。

晚上睡觉前，何包自己收拾书包。妈妈说："何包，你明天带一本辅导书到学校去，课间也能看一看。"

何包小声说："把它带上，除了增加我书包的重量，没有任何用处。"

妈妈说："何包，你嘀咕什么呢？"

何包说："没什么，妈妈。没什么，我一定按你说的做。"

第二天，何包到了学校就把辅导书拿了出来，课间也没出去玩，坐在座位上，看着这本书发呆。

见何包居然没出去玩，文曲星就问："何包，平时你一下课就不见人影，今天怎么没出去玩呢？"

何包拿起手里的书晃了晃，说："看到这本书了吗？我妈刚给我买的，家里还有好几本。她说让我多做点辅导书上的题，但是就我这个水平，写作业都费劲，还做什么辅导书？这不是赶鸭子上架吗？”

文曲星拿起何包的书看了看，说：“我也有这本书。”

何包说：“你这么说我想起来了，我妈之所以买这些书，是听你爸和娇娇妈妈说的。哎，可把我坑苦了。”

文曲星笑着说：“你妈妈只知道我做辅导书上的题，却不知道我做哪些题。”

何包疑惑地问：“不就是辅导书上的这些题吗？难道你还能从里面看出什么新花样来？”

文曲星笑着说：“当然了，你看看这本书这么厚，要是挨着做下来，多费时间呀。所以，我在做的时候，是有选择性地做的。”

何包问：“那你选择的标准是什么呢？”

文曲星说：“你已经会做的题目，不管它变成什么样子，你都能做出来，这时候再做就是浪费时间了。你可以选择一些经常做错的题目，或者自己不会的题目，这样做起来不但节省时间，也比较有针对性。”

何包点了点头，说：“这样的话，这本书中有一半的题目就不用做了。”

文曲星笑着说：“当然了。你只选择自己不会的题目就行，把这些弄明白了，你的成绩就提上来了。”

何包说：“可是我妈妈一口气给我买了好几本书呢。”

文曲星说：“对其他几本，你也可以采取这种方法呀。”

何包点点头说：“你说得很有道理。”

何包回家之后，把文曲星的话转告了妈妈，还说：“妈妈，我找到了一个非常合适的词来形容你这种盲目地让我做辅导书的行为。”

妈妈说：“什么词？”

何包说：“东施效颦。”

妈妈火冒三丈，生气地说：“看来你的辅导书还是买得太少了，我明天去批发市场给你买！”

“啊，不要吧？妈妈！”何包发出一声哀嚎。

何包日记

对我来说，让妈妈去学校开家长会简直是一个巨大的灾难，因为她回来之后给我买了很多辅导书，让我过上了水深火热的生活。要不是我及时从文曲星那里打探消息，只怕不但会浪费时间，还会导致我厌学呢。

第10章

英语日记

钱老师在下课之前突然提出，让大家写一篇英语日记，这让同学们直呼头疼。他们该怎么完成这个任务呢？

“丁零零——”

下课铃响了。

何包原本还在昏昏欲睡，一听到下课铃声，就像打了鸡血一样，马上精神了起来。他瞪大眼睛看着钱老师，等着她说出“下课”两个字。

可是让何包失望的是，钱老师并没有说“下课”，而是说：“今天我要给大家安排一个特殊的作业。”

同学们立刻发出哀嚎。

何包鼓起勇气问：“老师，是什么作业？”

钱老师说：“就是让大家用英语写一篇日记。”

何包马上提出抗议：“老师，这份作业也太难了吧。我现在用中文写日记还写不利索，怎么可能用英语写？”

钱老师笑着说：“你没试试怎么知道自己不行呢？别担心，不管你们写成什么样，老师都不会批评你们的。”

听到这句话，何包一颗心就落到了肚子里，他想：“反正我就尽力写吧，写得多差都不会被批评。”

下课后，何包拿出本子，兴致勃勃地写起了英语日记来。可是刚写完开头，他就卡壳了。英语日记到底该怎么写呢？这可让他犯了难。于是他决定，等文曲星写好了，先借过来“观摩”一下，再开始写。

于是他蹭到文曲星身边，说：“文曲星，刚才英语老师说的英语日记的事，你有思路了吗？”

文曲星说：“你看，我正在写呢，很快就写好了。”

何包仔细一看，发现文曲星真的是在写英语日记，而且已经写了好大一段，他写的是：

May 11th,2019 ,Thursday，Sunny

Today teacher let us write English 日记，I think this can help me to 提高 my English成绩……

看着这段中英文夹杂的日记，何包说：“文曲星，你写的这是什么玩意儿啊？为什么既有中文又有英文？”

文曲星笑着说：“这就是我写的英语日记呀。刚才钱老师不是说了吗，不管我们写成什么样，她都不会批评我们的。”

何包说：“可她明明要求是用英语写日记呀，你这样中英文夹杂怎么行？”

文曲星说：“那老师也没有说不可以这么写呀，对不对？”

何包挠了挠头，说：“那好像也是。可是我还是觉得有点不太踏实啊！”

文曲星说：“既然老师没有明确说不可以，你就这么写就行了，没问题的。”

何包说：“可是我还是很担心，你学习好，老师不会批评你，我好怕老师把我批评一顿呢。”

文曲星笑着说：“就现在咱们的写作水平，写中文的日记还有好多错别字呢，怎么可能写出全都是英语的日记呢？所以你完全可以用我这种方法。就算你没法写出一个完整的英语句子，只要你能把单词放在句子里，就能加深对单词的记忆。”

何包半信半疑地说：“真的吗？”

文曲星笑着说：“我不会骗你的。好了，你也回去写吧。”

见何包还是不太相信，文曲星又说：“这样吧，如果老师批评你，我就承包你一个月的零食，怎么样？”

何包想了想，跟得到一个月的零食比起来，被老师批评又算得了什么呢？

于是他回到座位上，开始写日记，很快，一篇英语日记就出炉了。

May 11th,2019 ,Thursday，Sunny

Today teacher let us write English 日记，I am very 不高兴，因为 I 认为 this对我来说太难了……

何包写完之后，就把日记交了上去，因为他觉得自己做了一笔划算的买卖。如果被老师批评，就能得到一个月的零食；不被老师批评的话，就学会了写英语日记。

第二天上英语课的时候，钱老师拿出了大家的日记本，笑着说："昨天是大家第一次写英语日记，想不想听听老师看完后的感受？"

"想！"同学们说。

何包喊得尤其大声。

钱老师说："老师的感受就是，八仙过海，各显神通。大家都想了办法来写日记，但是我觉得写得最好的是何包和文曲星的日记。"

何包揉了揉耳朵，简直以为自己听错了，他举起了手。

钱老师说："何包同学，你有什么问题吗？"

何包说："老师，刚才那句话我没听清，您能再说一遍吗？"

钱老师笑着说："我觉得写得最好的是何包和文曲星的日记。现在你听清了吗？"

何包高兴地说："老师，这次我听清了。刚才有点太激动了，不好意思。"

同学们见状都哈哈大笑起来。

钱老师笑着说："这是大家第一次用英语写日记，所以老师的要求不高，大部分同学写得乱糟糟的，老师也不会批评你们。但是何包和文曲星的日记是中英文夹杂的，我很欣赏他们这种敢于尝试的精神。"

何包听到钱老师的表扬，心里美滋滋的。

钱老师又说："这次大家可以中英文夹杂。下次在写完之后，可以把里面的汉字替换为英语单词，这样的话，你们的单词量就能有所提升。相信用不了多久，你们就能写出一篇非常棒的英语日记了。”

何包想：“钱老师说得对，我就按她说的去做，这样我很快就能成为英语日记小达人了。”

这之后，何包对英语有了很大的兴趣，成绩自然也有了进步。

何包日记

刚看到文曲星的英语日记时，我简直不敢相信自己的眼睛，他写的这种中英文夹杂的日记，也能叫英语日记吗？但是既然他用零食做保证，我就按照他的样子写了。最后，居然还得到了老师的表扬，真是太神奇了。

第11章

打败“走神小恶魔”

何包上课的时候经常走神，为了打败“走神”这个小恶魔，他找爸爸妈妈帮忙。最终他能够成功吗？

“何包，你起来回答这个问题。”

上课的时候，何包正在走神，突然听到燕子老师叫自己的名字，吓得差点从座位上掉下来。他看到燕子老师正在瞪着自己，赶紧回过神来。

最近一段时间，何包上课的时候总是走神，也经常被老师点名。这次又被老师抓到，估计老师不会轻易放过他。

果然，下课时，燕子老师说：“何包同学，你跟我到办公室来一趟。”

没办法，何包只好耷拉着脑袋，跟着燕子老师来到了办公室。

“何包，最近你是遇到什么事情了吗？”燕子老师问。

“没有啊，老师。”对于燕子老师的问题，何包有些丈二和尚摸不着头脑。

“那你上课怎么老走神呢？”燕子老师有些恨铁不成钢地说。

何包低着头，一声不吭。

燕子老师说：“最近一段时间，你上课走神十分频繁，不但我发现过，别的任课老师也跟我反映过。老师把你叫过来，就是想了解一下情况。”

何包低着头说：“老师，我什么事都没有遇到，就是上课的时候老走神，我也不知道是怎么回事。为了解决这个问题，我还在记事本上写下了‘不要走神’四个字来提醒自己。”

燕子老师说：“那结果怎么样呢？”

何包郁闷地说：“没管用。不过，老师，我一定会想办法解决这个问题的。”

燕子老师的口气缓和了很多，说：“好，既然你已经认识到了错误，老师就不多说什么了。老师相信你能够尽快解决这个问题。如果你实在解决不了，再来告诉老师，好吗？”

何包郑重地点了点头。

回家后，何包心事重重的，连吃饭都不香了。妈妈看着他，疑惑地问：“何包，你这是怎么了？”

何包鼓足勇气，说：“妈妈，我今天被燕子老师叫到办公室去了。”

妈妈问：“因为什么事？”

何包说：“因为我上课的时候老走神，其实我也没想什么，不知不觉就走神了。我对此也很苦恼，可是我完全控制不住自己。”

爸爸温和地说："何包，别难过。既然你已经意识到了这个问题，爸爸相信你是有决心改正的。现在爸爸就帮你一起想办法，来打败'走神'这个小恶魔，好吗？"

何包点了点头。

吃完饭，爸爸上网搜索了一下资料，对何包说："好了，现在咱们一家三口来做一个开火车游戏，好吗？"

何包听到"游戏"两个字，别提多来劲了，他迫不及待地说："好啊！"

爸爸说："好了，现在咱们一家三口坐在一起，我是北京站，你是上海站，妈妈是深圳站。现在我喊：'北京的火车就要开。'你和妈妈就要拍着手喊：'往哪开？'如果我说往上海开，那你就要站起来喊：'上海的火车就要开。'我和妈妈就要拍着手喊：'往哪开？'如果你说往深圳开，那妈妈就要站起来，明白了吗？就是火车开到哪里，那个人就要马上接口。我们的目的就是，让火车开得越快越好。"

何包和妈妈都说："明白了。"

于是一家三口围坐成一圈，玩起了开火车的游戏。为了让火车开得快，何包瞪大眼睛，聚精会神地听着，担心会错过游戏。一家人玩了半个小时，都觉得非常开心。在这半个小时里，何包都没有走神，这让他非常满足。

爸爸说："好了，何包，你休息一会儿就回去写作业吧。最近一段时间，爸爸妈妈会多带你玩这个游戏，希望可以改掉你走神的毛病。"

何包乖乖地回到房间写作业，很快就把作业写完了。

第二天上课的时候，何包走神的次数明显减少了。他对此

非常高兴，对自己能够打败“走神”这个小恶魔更有信心了。

晚上到家后，爸爸妈妈又和他玩了开火车的游戏。就这样，一段时间过后，何包上课走神的情况已经大大减少了。

看到何包的明显变化，燕子老师非常高兴，就把他叫到办公室，问：“何包同学，最近一段时间，你的状态变好了很多，上课走神的次数明显减少，你是如何做到的呢？”

何包说：“爸爸妈妈为了帮我解决这个难题，每天都会跟我玩开火车的游戏。这样，时间长了，我就很少会走神了。”

燕子老师疑惑地说：“开火车？”

于是，何包详细地向燕子老师讲述了开火车的游戏规则。

燕子老师高兴地说：“太棒了！这样的话，我们可以在班里玩这个游戏，参与的人多了，大家需要记住的站名就多了。我觉得通过这个方法，大家都可以克服上课走神的问题。”

于是，燕子老师在学习不紧张的时候，会带着大家做这个游戏。时间长了，班里同学们的注意力就越来越集中。

何包日记

其实我上课的时候也没有干什么，但总是不自觉地走神。好在我有一个神奇的爸爸，他通过做游戏的方法，让我打败了“走神”这个小恶魔。燕子老师还会在班里带着我们做这个游戏，现在上课的时候大家的注意力都很集中。

第12章

事半功倍的奥秘

何包越来越有上进心，他去向文曲星请教，怎样才能又快又好地完成作业，并学到了一些绝招。

自从上课不走神后，何包的成绩有了很大的提高，可是他并不满足。他想：我该怎么做，才能像文曲星那样，成为一个学霸呢？

一个课间，何包凑到文曲星身边，献媚地说："学霸，我有个问题要请教你。"

见何包主动请教自己，文曲星就大方地说："有什么问题？你说吧。"

何包说："我觉得每天晚上写作业用的时间特别长，所以来请教你一下，一般你都用多长时间写作业呢？"

文曲星想了想说："大概不到一个半小时吧，具体得看老师布置的作业多少了。如果作业少，我还会看点课外书。"

何包羡慕地说："怪不得你是学霸呢，我用两个小时都写不完作业，有时候得三个小时。同样是一个班的同学，差距怎么就这么大呢？”

文曲星说：“你跟我说说，你平时是怎么写作业的呢？”

何包想了想，说：“我就是根据老师布置的作业，一项一项地来啊。为了提高效率，我还有一个独门秘笈。”

文曲星问：“什么独门秘笈？”

何包说：“就是我写作业的时候会戴着耳机。据说这样可以放松神经，我觉得这样会让我写作业的速度快一些。”

文曲星笑着摇了摇头说：“你这不是一心二用吗？像你这么做作业，自然没法快速地完成作业了。”

何包说：“什么？我这个方法居然不对！”

文曲星笑着说：“当然不对。你要想又快又好地完成作业，只有一个秘诀，就是专心致志。像你这样一边听音乐一边写作业，是不可能很快地完成作业的。”

何包有些难以置信地说：“真的吗？”

文曲星说：“你要是这么写的话，还不如专心地写一个小时的作业后听15分钟的音乐，这可比你戴着耳机做作业的效果好得多。”

何包说：“好吧，今天晚上我就按照你说的试试。”

文曲星说：“另外，你还要学会给自己定一些时间限制。比如你通常需要两个小时完成作业，你今天可以给自己定一个目标，比如说在一个小时四十分钟内完成作业。”

何包说：“可是我觉得这样有些难度呀。”

文曲星说：“如果你连续长时间地学习，就会很容易感到厌烦。”

何包点点头说："没错，我每次都是学一会儿就觉得十分头疼。"

文曲星说："那你可以把咱们的作业分成几个部分。比如说语文作业，你可以规定自己用半小时完成；数学作业呢，也用半小时；英语用半小时或者40分钟。"

何包问："这样做有什么好处？"

文曲星说："这样会让你不自觉地提高学习效率，还不会觉得疲劳。一段时间之后，你就可以慢慢压缩这个时间，比如每一科减少5分钟，就能节省15分钟。时间长了，你写作业的速度就会快很多。"

何包又问："那如果我在规定的时间内没有完成，可怎么办呢？"

文曲星说："如果没有完成的话，你就要看一下问题出在哪里。是自己的方法不对，还是说定时的时候就有问题。如果作业很多，而你定的时间很短，自然就完不成。"

何包说："也就是说，我这个时间可以根据自己的具体情况来定，对吗？"

文曲星说："没错。每天的作业量不一样，时间也得进行调整。"

何包边听边点头，说："文曲星，你真是让我崇拜的偶像。我从今天开始就用你这个方法，说不定写作业的效率会大大提升呢。"

晚上到家之后，何包就按文曲星说的，给每一科的作业都规定了时间，并在规定的时间内写完了作业。这可让他高兴极了。何包想，文曲星真是个宝藏男孩，明天到了学校，一定得多向他请教一些学习方法，这样也许我还能把写作业的速度提高一些呢。

想到这里，何包翻开自己的零食盒子，拿出了一大包零食，准备到学校去“贿赂”文曲星。

第二天一早，何包就带着零食来到了学校。一进教室，他就冲过去抱住了文曲星。

文曲星被吓坏了，说：“何包，你这是怎么了？”

何包激动地说：“昨天我用你教我的方法写作业，比平时用的时间缩短了很多呢。我想，很快我就能更快地完成作业了。你看，我今天专门给你带来零食。”

说着，何包就像献宝一样拿出零食，说：“给你，这些都是你的。”

文曲星笑着说：“我不过是教了你几个小方法而已，不用这么客气的。”

何包说：“你要是觉得过意不去，可以再教给我别的方法呀。”

文曲星说：“那好吧，我就再教你一招。”

何包拍着手说：“好啊，好啊！”

文曲星说：“就是你上课的时候，一定要认真听讲。因为老师讲10分钟的内容，你课后一个小时可能都掌握不了呢。”

何包点点头说：“嗯嗯，我记住了，我上课再也不走神了！”

文曲星说：“还有，你写作业之前，一定要把今天老师讲过的内容复习一遍。这样，不但可以加深印象，还能让你写作业的速度更快。要是你能把我说的这些方法都贯彻下来，在学习上，一定可以事半功倍的。”

何包激动地说：“我按你说的试试。如果真的有效，我就把我的零食都跟你分享。”

上课的时候，何包把眼睛睁得大大的，一点儿都不敢走神。放学回家后，他也按照文曲星说的，先复习课本上的知识，然后再开始写作业。结果，他写作业的时间又压缩了十几分钟。他美滋滋地想：“按我这速度，很快我就能成为班里的学霸啦！”

何包日记

文曲星真是一个宝藏男孩，他不但学习好，还有很多妙招，更难得的是愿意跟我分享。现在在他的帮助下，我写作业的速度有了很大的提高。我想用不了多久，我就能成为像他一样的学霸了，这真是太让我激动了！

第13章

“满分作业本”奖

为了激励同学们，燕子老师在班里设置了一个“满分作业本”奖。到底谁能够拿到这个奖项呢？

新的一个月开始了，而且很快就要期中考试了。为了激发同学们的学习热情，燕子老师在班里召开了班会，还当众宣布，这个月会给大家的作业本进行打分。如果谁的作业本能够得到全满分，就可以获得“满分作业本”奖，还会获得神秘大奖。

何包举手问道：“老师，我能问问是什么神秘大奖吗？”

燕子老师笑着说：“要是说出来还能叫神秘吗？”

何包说：“我好担心是一本课外辅导书啊，那样的话我就没有动力了。”

大壮说：“就算你有动力，也不一定能写出满分的作业啊！”

何包说：“你可别门缝里看人——把人看扁了，我还真想要拿到这个奖。”

燕子老师笑着说：“何包同学很有信心，这很好，不过其他同学也不要落后。我希望有更多的同学获奖，你们千万不要为了帮我省钱而故意不得满分呀！”

“我们是不会客气的！”何包和其他同学调皮地说。

“希望你们都能说到做到！毕竟让所有作业都满分可不容易。”燕子老师笑着说。

“我们一定会尽力的。”同学们说。

燕子老师无奈地说：“刚才你们看起来还信心满满，怎么现在就变成尽力了？”

“老师，您不是经常告诉我们，谦虚是一种美德吗。”何包笑着说。

“到底是谦虚还是心虚，就等月底见分晓了！”燕子老师说。

从这一刻起，何包就树立了新的目标，他想：我一定要把每天的作业写得非常完美，拿到满分。

到家之后，他就给爸爸妈妈宣布了刚刚制订的“三大纪律八项规定”。

“爸爸妈妈，在我写作业的时候，你们不能制造噪声，不能大声说话，不能随便进入我的房间，不能……”何包一口气说了好多个“不能”。

爸爸疑惑地说：“这还是我家吗？我怎么一下失去了这么多权利？”

妈妈也说：“是啊，何包，你能告诉我们到底发生了什么吗？”

何包说："因为我要专心写作业，争取让所有的作业都拿满分。"

爸爸说："我们当然愿意支持你，不过我觉得也没有必要这么严格吧。"

何包说："现在对我来说，最重要的事情就是写作业，绝对不能出任何差错。"

妈妈问："何包，今天在学校里发生什么事了？"

何包说："燕子老师说，要在我们班评选满分作业本，这个月谁的作业能够拿到满分，就可以获得神秘大奖。"

妈妈说："既然你这么说，爸爸妈妈就支持你。"

于是每天放学之后，家里就变得十分安静。以前妈妈炒菜做饭的时候声音总是非常大，可现在她已经改变了作风。不管是洗菜炒菜还是刷碗，妈妈都十分小心，生怕制造出噪声。吃完饭后，爸爸妈妈要么去公园散步，要么回到房间看书，绝对不会制造出任何噪声。

有了爸爸妈妈的全力配合，何包让作业本拿满分的信心更足了。每天放学后，他会立刻赶回家做作业，遇到拿不准的题目，他会先看课本；实在解决不了的，再去向爸爸求助。

周五放学时，大壮对何包说："何包，咱们这里新开了一家游戏厅，现在有开业优惠呢，你要不要去玩？"

何包摇摇头说："我不去，我得在家写作业。"

大壮说："写作业就这么重要吗？"

何包说："当然了，咱们不是要争取获得'满分作业本'奖嘛！不能马虎！"

大壮像看着外星人一样，惊讶地说："天啊，这件事你还没忘呢？"

何包说："当然没忘，我还记得你对我的能力十分怀疑呢，我一定得拿出点成绩来让你看看。"

大壮说："你可真让我刮目相看。据我所知，现在咱们班的同学都在作业中出现过错误。这样说来，现在只有你一枝独秀了。"

何包得意地说："看吧，我还是很有获奖的希望。好了，我回家写作业了！"

大壮看着何包的背影，真的怀疑眼前这个何包是不是被调包了。

就这样，何包坚持了一个月，到了月底，他成了班里唯一一个获得"满分作业本"奖的人。

燕子老师对此非常高兴，当着全班同学的面表扬了何包，还说："何包同学是咱们班唯一一个没有在作业中出错的人，为了奖励，我送他一本练习册！"

何包哀嚎道："老师，你要是早这么说，我就不这么努力了，我这不是搬起石头砸自己的脚吗？"

燕子老师笑着说："别难过，老师跟你开玩笑呢。其实老师给你买的是一个笔记本，希望你可以好好用它记录下你每一天的成长和进步。"

何包拿着老师奖励的笔记本回到家，得意地说："爸爸妈妈，快看，这是我得到的奖励，我终于得到'满分作业本'奖了！"

爸爸妈妈看到这个奖品，激动得都说不出话来了。过了半天，爸爸才说：“儿子，你真优秀，爸爸和妈妈为你骄傲！”

何包得意地说：“我也挺为我自己骄傲的，因为这次只有我一个人拿了这个奖，是不是特别棒？”

妈妈高兴地说：“很棒，妈妈这就去给你做好吃的，让你吃个够！”

何包日记

要是放在以前，我觉得能把所有作业写完就不错了，根本不奢望能够拿到什么奖。但是在燕子老师的激励下，我突然充满了斗志，并且靠自己的努力拿到了这个奖。这让我觉得，其实成为一个好学生，也没有我想象的那么难。

第14章

考试我不怕

期中考试之前，何包十分紧张，于是去找文曲星取经。文曲星大方地和他分享了自己的考试秘诀。

眼看期中考试就要到了，何包有些紧张。之前他学习成绩不好的时候，反而觉得考试没什么压力。最近他的成绩提上来了，不知怎么地，却有些害怕考试了。距离考试的日子越近，他就越紧张，上课的状态都受到了影响。

终于，他感觉自己有点受不了这种压力了，准备找文曲星取取经，好好调整一下心态。

何包来到文曲星身边，见文曲星正在看书，就问：“文曲星，你最近心态怎么样？”

文曲星说：“我的心态很好啊，能吃能睡。怎么，你的心态不好吗？”

何包不太好意思地说：“我最近心态确实不太好，感觉压力有点大。”

文曲星说："是因为期中考试？"

何包说："是啊，我也觉得非常奇怪。以前我的成绩那么差，我都不害怕考试。现在成绩有了点起色，心态反而不好了。"

文曲星笑着说："那你可得做好心理调节，千万不要因为太紧张而影响考试发挥呀！"

何包说："所以我这不是来向你取经了吗？快说说，我该怎么才能调整好心态呢？"

文曲星说："这很简单啊。你看啊，你可以多听听音乐，吃一些新鲜的蔬菜和水果，让自己的精神放松下来。而且你可以安慰自己，考试就是换了个地方做作业。你是咱们班唯一一个拿到'满分作业本'奖的人，写作业对你来说不就是小菜一碟吗？"

何包想了想，确实是这么回事，就说："也是，我就当是到考场上做作业好了。可是平时写作业的时候，如果我遇到难题，我可以翻看课本，也可以向别人请教，考试的时候我就不能这么做了。"

文曲星说："考试的时候你当然不能这么做，要不然不就是作弊了吗？"

何包问："所以要是我遇到难题，该怎么办？"

文曲星说："一般来说，我在拿到一张试卷的时候，会快速浏览一遍，看看到底哪些比较简单，哪些比较难，有一个大概的认识。在具体答题的时候，遇到特别难的题目，我可以先跳过去。等我把别的题目都做完了，或者做题的时候突然有了思路，我再回过头来做。这样，不就行了吗？"

何包有些担心地说："那要是到考试结束时，我这道题还是做不出来怎么办？"

文曲星笑着说："你对自己要求太高了吧，又不是要得到满分。只要你把能做的先做出来，那些实在不会的，就可以放弃了。如果你在难题上花了太多的时间，等到考试快结束了才发现自己后面的题目没有做，我想这样你失去的分会更多。"

仔细想了想，何包觉得文曲星说的有道理。何包说："你的意思是，考试的时候要先做简单的题目，遇到不会的先跳过去，实在不会了可以放弃，对吗？"

文曲星笑着说："总结的非常到位。"

何包又问："那有没有可能我在做题的过程中，突然灵光乍现，或者突然看到了能够让我想起答案的东西，我再回去把这道题补上呢？"

文曲星说："当然有可能啦。有时候我在做到后面的时候，会突然发现能够提醒我想到前面题目的知识。比如说有一次考试的时候，老师让拼写brother这个词，我一时忘记了怎么拼，就先空了过去。可是在后面的阅读题中，我看到了mother这个词。然后我想了想，这两个单词的后面五个字母应该是一样的，区别就在前面。我就按照这个思路，试着把这个单词拼了出来。"

何包十分崇拜地说："文曲星，我越来越佩服你了。我准备就按你说的这么做，如果我这次考试能够取得好成绩，我就……"

文曲星说："就怎么样？"

何包说："把我的好吃的分你一半。"

文曲星说："如果我的方法对你真的有用，我倒是很愿意接受你的零食。"

在考试之前那几天，何包一直都按照文曲星教给自己的方法进行，果然觉得好像没那么紧张了，毕竟自己是班里唯一一个得到"满分作业本"奖的人。

几天后，考试开始了。何包按照文曲星说的，拿到试卷之后，就把所有的题目快速浏览了一遍，觉得大部分题目的难易程度都在中等程度，解答起来应该没问题。于是，他迅速写完了所有会做的题目，然后专心攻克大题。最后，他有一道题实在是不会。不过他也没什么遗憾，因为自己已经尽力了。

考试成绩出来后，何包的成绩让所有人都十分吃惊，因为他考了88分，成了班里进步最大的人。

在与同学们一起分享成绩进步的经验时，何包激动地说："我之所以能够进步这么大，都是因为有文曲星的帮助。从现在开始，他就是我的偶像。"

同学们给文曲星和何包送上了热烈的掌声。

何包日记

以前我的学习成绩不好，考试的时候我并没有什么压力；现在我的成绩上来了，却突然对考试非常害怕。在文曲星的帮助下，我找到了克服压力的秘诀，还取得了不错的成绩，我真是太开心了。

第15章

骄傲使人退步

在期中考试中，何包进步很大，这让他非常骄傲。何包开始放松了对自己的要求，结果在之后的一次考试中，他的成绩大幅下降。

在期中考试中，何包取得了很好的成绩，还得到了老师的表扬，这让他非常高兴。

下课后，同学们都纷纷围在何包身边，向他请教学习经验。何包高兴地说：“其实也没什么，我就是听了文曲星的建议，上课的时候认真听讲，考试的时候调整好心理，自然就考出了好成绩呀。”

大壮说：“何包，要我说，你比文曲星可聪明多了。按照这种情况发展下去，你很快就能够成为咱们班的第一名，碾压文曲星，还有娇娇。”

听着大家的恭维，何包心里别提多高兴了。他想，也许我真的能够像大壮说的那样，成为我们班的第一名呢。天啊，想不到我这个学渣也有逆袭的时候！

放学回家之后，何包没有像往常一样，一到家就开始做作业，而是玩起了玩具。妈妈做饭的时候，见何包还没开始写作业，就问："你怎么还没写作业呢？"

何包边玩玩具边说："今天的作业没有多少，不用那么着急，而且我还是我们班唯一一个拿到'满分作业本'奖的人。写作业对我来说，还不是小菜一碟吗？"

妈妈想：反正期中考试刚刚结束，让他放松一下也可以，最近一段时间确实挺累的。于是，妈妈没再说什么，回到厨房继续忙碌开了。

等何包吃饱喝足之后，才回到房间，慢吞吞地写起了作业。他边写边想：这次文曲星才考了93分，我跟他的差距只有5分。我想用不了多长时间，我就能够成为班里的第一名了。到时候燕子老师一定会表扬我，文曲星和娇娇也会崇拜我。天啊！那种感觉一定非常爽……

现在何包已经停下了笔，开始畅想自己考到第一名后的场景了。等他好不容易写完作业，已经快10点了。

之后的一段时间里，何包每天都是吊儿郎当的，不但不着急写作业，还光顾着畅想自己得了第一名的景象。

一天，妈妈终于忍不住了，就说："何包，我感觉你最近的状态不太对劲呀，比起期中考试之前，你可懒散了很多呢。"

何包毫不在意地说："这不是刚刚考完试吗？我放松一下而已。你知道吗？这次我和文曲星的成绩只差5分。我想用不了多长时间，我就能超过他了。"

妈妈说："何包，提升成绩可没有那么容易呀。"

何包说："妈妈，你不要杞人忧天了，成绩下降也没那么容易的。放心吧，我很快就能成为班里的第一名，为你和爸爸争光。"

见何包这么自信，妈妈心里隐隐有些忧虑，又怕打击何包的积极性，只好不再说什么了。

眨眼间，一个月过去了，老师们在班里进行了小测验。何包信心十足，他想：这回稳拿了，我一定可以超过文曲星，成为班里的第一名。

可是当考试成绩出来后，何包几乎傻眼了，他不但没有考第一名，成绩还下降了许多，才考了73分。他生气极了，以为是老师把试卷批改错了，可是他拿着试卷仔细核对了三遍，也没有发现老师有任何批改错的地方，看来，这就是自己的真实成绩了。

更可怕的是，班里有同学见何包上次进步那么大，这次成绩却突然降低这么多，都说他上次考试的时候可能作弊了。这让何包十分苦恼。

发现了何包的异常，燕子老师就把他叫进办公室，对他说："何包，面对这样的分数，此刻你是什么样的心情？"

何包低着头不说话。

燕子老师说："在期中考试之前，你的学习状态一直非常不错。你的努力，老师也都看在眼里。期中考试，你的成绩有了很大的进步，之后你就完全变了另一种状态。我发现你没有以前那么上进，而且作业也没有以前那么认真了。"

何包小声说："我没有。"

燕子老师说："不管你有没有意识到，这一切都是真

的，因为你的成绩也会说话。如果你真的像期中考试之前那么努力，那你的成绩为什么会下降这么多呢？”

何包仔细想了想，觉得燕子老师说的有道理，便不吭声了。

燕子老师说：“何包，老师一直觉得你非常聪明，应该能够知道骄傲使人落后的意思，所以老师也不再多说什么了。你回去自己好好想一想吧。”

何包低着脑袋说：“老师，您说的对，我确实是有些骄傲了，无数次畅想过自己成为第一名之后的场景。现在看到这个成绩，我真的觉得很羞愧，我知道骄傲是不对的。从现在开始，我一定会像期中考试之前那样，踏踏实实地学习，做一个谦虚的孩子。”

燕子老师欣慰地拍了拍何包的肩膀，然后笑着说：“你能明白这个道理就好。”

何包信心满满地说：“老师，您等着看我的表现，我一定会在期末考试中取得好成绩的！”

何包日记

“骄傲使人落后”，这句话真是真理。我在期中考试中取得了好成绩，这让我十分骄傲。没想到在之后的一次考试中，我的成绩下降了许多。现在我已经认识到了骄傲的危害。从现在开始，我要踏实学习，做一个谦虚的孩子。

第16章

何包你最棒

在期末考试中，何包取得了不错的成绩。不过他吸取了之前考试的教训，没有骄傲，还在寒假里制订了科学的学习计划。

还有一个多月就要期末考试了，同学们都在紧张有序地进行复习，何包也不例外。何包吸取了上一次考试失利的教训，又像期中考试之前那样绷紧了弦，准备在期末考试中取得好成绩，一雪前耻。

一天放学的时候，何包正在收拾书包，大壮问：“何包，你复习得怎么样？”

何包说：“还可以吧。我感觉还行，期末考试怎么也得好好考呀。要不然，过年的时候亲戚朋友们问起来，不好回答。”

大壮说：“我都习惯了。一般要是别人问我的成绩，我都会反问他们。”

何包问："你反问什么？"

大壮说："如果是年轻的叔叔阿姨问我，我就会问他们收入多少，买没买房，结婚没有，有没有孩子。如果是那些上了年纪的爷爷奶奶问我，我就会问他们的儿子女儿收入多少，买没买房，结婚没有，有没有孩子。通常在这种情况下，他们就不好意思再问我了。"

何包笑着说："你要是把这股机灵劲儿用在学习上，一定能够成为班里的学霸。"

大壮说："我可没觉得当学霸有什么好的。我就是我，是不一样的烟火！走，咱俩去小卖部买好吃的去。"

何包说："行，正好放松一下，最近学习太累了。"

于是，何包和大壮来到小卖部，买了一些零食，就边吃边回家了。

到家之后，何包就开始写作业。写完作业之后，他仔细检查了一遍，确认没有任何错误，才开始复习。现在他已经恢复了期中考试之前的状态，对自己也很有信心。

转眼就是期末考试了，何包对自己的表现很满意，不管是知识的掌握还是答题技巧，他几乎都做到了万无一失。

成绩出来之后，何包的成绩果然十分亮眼，在班里前进了十几个名次，和文曲星的差距已经越来越小了。

考试结束之后，寒假就到来了。以往每个寒假，何包都会缠着妈妈带自己出去玩，可是这个假期，他有了不一样的想法。

假期第一天，妈妈又像往常一样起床，做好了早餐，然后敲开何包的房门说："儿子，起床吃早餐了。"

何包从睡梦中醒来，看了看床头的闹钟，对妈妈说：“妈妈，现在已经是寒假了，让我睡个懒觉不行吗？”

妈妈抱歉地笑了笑，说：“不好意思，我忘记了你放寒假这回事了，那你再睡一会儿吧。我把饭菜给你搁在桌上，你吃饭时用微波炉热一下就可以了。”

等何包再次醒来的时候，爸爸妈妈已经去上班了，他自己把饭菜拿微波炉热了一下。然后，打开电视，一边吃饭，一边看起了动画片。

以往他最喜欢看动画片，打开电视就舍不得关上。可是，现在他突然觉得，动画片似乎也没那么好看了。

他刚吃完饭，就听到门铃响起。他警惕地走到门口，从猫眼里看到外面站着的是大壮，才放心地打开了门。

“你在家做什么呢？”大壮问。

“我刚起来一会儿，正在看电视呢。以前觉得动画片挺好看的，现在怎么没那么感兴趣了呢？”

“我也是，感觉好无聊啊。”大壮唉声叹气地说。

“上学的时候，一直盼望着放寒假。现在真的放寒假了，感觉也没有想象中那么好。”何包也叹了口气。

“可不是嘛，现在爸爸妈妈都去上班了，就我自己在家，感觉实在是无聊透顶。”大壮说。

“要是每天都这么玩儿的话，确实很无聊。我觉得有必要把寒假的生活规划一下，比如什么时候写作业，什么时候玩耍，都应该规定清楚。听说下学期开学的时候会进行测试，考察我们在假期的学习情况。如果我们天天玩的话，一定会学习退步的。”

大壮惊讶地张大了嘴巴："天啊，假期才刚刚开始，我们不能先玩几天再学吗？"

何包说："我们可以合理安排时间。每天既有学习的时间，又有玩的时间，这样劳逸结合，不但学习效率很高，还不会觉得无聊啊。"

大壮想了想，觉得这个办法也不错，就同意了。

他们一起来到何包的房间，坐在书桌前认真地拟订假期学习计划。因为是假期，他们觉得有必要留出睡懒觉的时间，所以规定每天上午9点开始学习，10点到10点半为休息时间。在休息时间他们可以看电视，也可以到外面溜达一会儿。10点半到11点是课外阅读时间，他们可以选择自己想读的书来阅读。中午吃完了午饭之后，会有一个小时的午睡时间。下午的学习就从2点开始。

"我觉得这个学习计划非常完美，我们不但保证了学习时间，还保证了玩耍的时间。"何包拿着这份学习计划表赞不绝口。

"还好吧。"其实大壮并不怎么喜欢学习。

"现在是10点钟，那咱俩去小区里踢球吧，回来之后开始进行课外阅读。"何包说。

"好啊，走吧！"

两个人从10点玩到了10点半。何包看看手表，说："好了，我们该进行课外阅读了。"

"我们再玩一会儿吧！"大壮哀求道。

"这是我们制订学习计划的第一天，你就不想遵守了吗？"

没办法，大壮只好跟着何包回了家。就这样，他们每天都按照时间计划表进行，假期过得十分充实。

在开学后的测试中，何包和大壮的成绩都很稳定，还得到了燕子老师的表扬。

何包日记

读书是自己的事，这是我这一个学期的感受。所以在这个寒假里，我并没有疯玩，而是制订了时间计划表，严格执行。相信在不久的将来，我也能够成为像文曲星那样的学霸。我会一直努力下去的！

我能管好我自己

张海君◎编著

商务印书馆国际有限公司
中国·北京

图书在版编目（CIP）数据

我能管好我自己 / 张海君编著 . -- 北京 : 商务印书馆国际有限公司 , 2020.6
（成长励志系列）
ISBN 978-7-5176-0740-3

Ⅰ . ①我… Ⅱ . ①张… Ⅲ . ①自我管理一少儿读物 Ⅳ . ① C912.1-49

中国版本图书馆 CIP 数据核字 (2020) 第 081710 号

WO NENG GUAN HAO WO ZIJI
我能管好我自己

编　　著　张海君
责任编辑　桑丛丛
封面设计　君阅书装
出版发行　商务印书馆国际有限公司
地　　址　北京市朝阳区吉庆里 14 号楼
　　　　　　佳汇国际中心 A 座 12 层
邮　　编　100020
电　　话　010-65592876（编校部）
　　　　　　010-65598498（市场营销部）
网　　址　www.cpi1993.com
印　　刷　三河市祥达印刷包装有限公司
开　　本　880mm × 1230mm　1/32
字　　数　62.4 千字
印　　张　3
版　　次　2020 年 7 月第 1 版第 1 次印刷
书　　号　ISBN 978-7-5176-0740-3
定　　价　90.00 元（全 5 册）

PREFACE
前言

随着孩子一天天长大，父母的烦恼也与日俱增：曾经天真烂漫的孩子，如今却叛逆心重，经常和父母对着干。作为父母，如何做好孩子人生路上的引路人？如何让孩子懂得感恩，懂得尊重父母呢？

在生活中，会有那种特别独立的孩子，当然，也会有什么事都依赖父母的孩子，这两种孩子是由于家庭教育的不同所造成的。作为家长，一定不要宠溺自己的孩子，因为你只能陪他走一程，不能陪他走一生。在陪伴孩子的时候，你要尽量让他自己学会独立，给他多一些尝试的机会。当发现孩子对某一事物特别感兴趣时，你千万不要扼杀他的兴趣，而要给予他正面的鼓励，他才会变得越来越好、越来越独立。

尊重他人，对于每个人来说都至关重要。对于孩子来说，更是如此。只有教孩子们学会了尊重他人，他才有被别人尊重的资本。

孩子的成长离不开父母的引导，也离不开书籍的陪伴。一本带有启迪性的好书，更容易将孩子引上正途。对此，家长们也是乐见其成的。因此，对作者来说，编写一套有教育意义又

能把正确的世界观、人生观和价值观涵盖进去的课外读物是非常重要的一件事。

中国教育部也非常关注少年儿童的心理健康和思想教育，多次修改教育大纲，也是为了让少年儿童更加出色。作者也正是秉承这一宗旨，为成长期的孩子量身打造了这套丛书。

这套丛书根据少年儿童的心理特点，以主人公何包的故事为核心展开叙述，主题多样。这些故事真切地发生在少年儿童的学习和生活中，给人身临其境的感觉。为了让这套丛书的可读性更强，作者不仅将少年儿童成长中的故事和真实发生的事例相互融合，而且邀请了优秀的插画师为本丛书绘制插画，让小读者在阅读过程中有更加直观的感受，更好地理解故事中所蕴含的意义。

在阅读这套丛书的过程中，小读者一定可以和主人公一起进步，从何包的故事中学会明辨是非、学会独立、学会学习、学会控制情绪、学会负责……

轻松幽默、富有教育意义的故事，不仅可以让孩子们从中学到优秀的品质，还可以帮助孩子们树立正确的世界观、人生观和价值观。

张海君

主要人物介绍

何包： 男孩，活泼开朗，乐于助人，因为平时非常喜欢吃荷包蛋，所以有了“荷包蛋”的绰号。

娇娇： 女孩，班长、学习委员，学霸，做事一板一眼，喜欢管教别人，有“公主病”。

乐乐： 男孩，何包的死党，学习成绩好。

大壮： 男孩，身体壮实，喜欢运动，体力超强。

文曲星： 男孩，胆小怕事，做事总是小心翼翼，喜欢读书，爱幻想，易纠结。

吉姆： 男孩，英国小朋友，跟随父母来中国，是插班生，典型的小绅士，颇受娇娇的喜欢。说着蹩脚的中文，经常被何包戏弄。

都美丽： 女孩，绰号“肉嘟嘟”，娇娇的小跟班，典型的吃货、小胖妹。

燕子老师： 班主任，兼语文老师，善良温柔，有时候也会暴走，变得非常凶。

高老师： 数学老师，男，严厉。

钱老师： 英语老师，女，温柔。

顾老师： 体育老师，男，严厉。

何包妈妈：急性子，说话大嗓门，就算正常说话都好像要跟人吵架似的。最擅长“咆哮式”育儿方式，只要何包不听话，上来就是一顿吼。

何包爸爸：天津快板的狂热爱好者，不过是个慢性子，做什么事都不着急，就算遇到火烧眉毛的事情也能喝完一壶龙井茶再去办。

何包爷爷：戏曲老师，已退休，目前的人生理想是将何包培养成优秀的戏曲家。

目录

CONTENTS

目录

CONTENTS

第1章

今天我来当妈妈

妈妈嫌何包成绩不好，何包却说当妈妈更容易。于是，妈妈提出和何包互换角色，让他来当一天妈妈。

马上就要考试了，为了取得好成绩，何包正在房间里进行考前突击。

妈妈进房间送牛奶，见何包这么刻苦，就问：“书看完了吗？”

何包说：“我看完了。”

妈妈满意地点点头，说：“不错，这个状态就很好。你要是能天天保持这个学习劲头，成绩早就提上去了。”

何包急切地说：“妈妈，你快出去吧，我得赶紧复习了。”

妈妈欣慰地拉开门出去了。

星期五放学后，何包拿着考试不及格的试卷回家了。妈妈大发雷霆，说："我那天问你的时候，你不是说书看完了吗？怎么还是考不及格？"

何包振振有词地说："我说的是'我看，完了'。我已经给你打预防针了呀，现在怎么又反过来怪我考试不及格呢？"

妈妈生气地说："天啊，我要气死了。何包，你说说你，每天和别的同学一样去上学，为什么别人的成绩都那么好，你就总是不及格呢？"

何包理直气壮地说："因为那都是别人家的孩子呀！"

妈妈生气地说："这样的话，我就不要你了，去换一个孩子。"

何包眨巴着眼睛说："那也许你换回来的也是别人不要的孩子呢！"

妈妈气得捂住胸口，说："妈妈每天不仅累死累活地去上班，还要伺候你们爷俩。你可倒好，还天天惹我生气。"

何包说："妈妈，其实我觉得当妈妈并不难，比我上学简单多了。你是不知道，我在学校过得有多么悲惨……"

妈妈说："悲惨？我每天辛苦去上班，不但要完成领导交给的工作，还要应付同事关系，你跟我说你悲惨？"

何包说："我就是非常悲惨，就是那种你想象不到的悲惨……"

妈妈立刻打断了他，说："如果你觉得当妈妈简单，那咱俩明天就互换一下角色，让你尝尝当妈妈是什么滋味。"

何包轻松地说："没问题。"

第二天是星期六，何包破天荒地早早起床，去喊妈妈起床。没想到妈妈翻了个身，又继续睡觉，还说：“你当儿子的时候，每个星期六都赖床。”

何包仔细想了一下，确实是这么回事，就学着妈妈的样子，开始大叫：“何包！”

听到这个叫声，妈妈才不情不愿地起床洗漱。在妈妈洗漱的同时，何包开始准备早饭。他准备的早饭是黑芝麻糊、咸鸭蛋和面包片。

妈妈洗漱完来到餐桌前，看到这些早饭，不高兴地说：“怎么就知道拿这些现成的糊弄我呀？”

何包不好意思地挠了挠头，说：“我这不是不会做饭吗？你就将就一下吧。”

妈妈这才坐下来，像一个千金大小姐一样，慢吞吞地吃起了饭。吃饱之后，妈妈把面前的碗筷一推，对何包说：“别的同学都去游乐园玩，我也要去。”

何包没办法，只好换衣服，没想到妈妈说：“把钱包带上，今天你买票。”

何包顿时瞪大眼睛说：“为什么要我买票？我攒个零花钱多不容易啊！”

妈妈说：“今天你是妈妈，就得你掏钱。你看咱俩出去玩的时候，不都是我掏钱吗？”

何包只好带上钱包，带着妈妈去了游乐园。在游乐园里，妈妈玩了过山车，还买了糖葫芦，玩得十分开心，而何包的心在滴血，因为花的都是他的零花钱呀！

在游乐园玩够了，妈妈又对何包说：“我要喝奶茶。”

何包打开钱包看了看，郁闷地说：“喝吧喝吧，我就二十几块钱了，都花光了吧。”

妈妈说：“那好吧，买两杯。”

为了省钱，何包说：“不用，我减肥，不喝。你买一杯就行。”

妈妈翻了个白眼说：“谁说我要给你喝了？我一个人就能喝两杯。”

就这样，妈妈一手拿着一杯奶茶，带着何包回了家。

回到家之后，何包看着比自己脸都干净的钱包，心里十分郁闷。这时候妈妈开始大叫：“何包，快点把洗手间里的脏衣服洗了，要不然周一没有衣服穿了。”

何包不满地说：“就不能让我喘口气吗？”

妈妈一脸无辜地说：“我当妈妈的时候，你就是这么做的啊！”

于是，何包无奈地来到洗手间，看见水盆里的衣服堆成了小山，忍不住抱怨：“妈妈，你是不是早就预谋了这么一天，把一个月的衣服都给我攒着了？”

妈妈轻蔑地说：“你开什么玩笑？这只是你和你爸两天的衣服而已。要是一个月不洗，咱家都被脏衣服堆满了。”

没办法，何包只好去洗衣服，洗完衣服时他已经腰酸背痛。何包总算理解了妈妈的辛苦。想想妈妈每天都要过这样的日子，他突然觉得有一丝羞愧。

晚上，何包破天荒地给妈妈倒了一杯水，谄媚地说：“妈妈，您辛苦了，请喝水。”

妈妈疑惑地看着他，问：“你是不是在水里放泻药了？”

何包郑重地说："妈妈，这一天下来，我体会到了您的辛苦，我保证以后尽量少惹您生气。以后我自己的事情自己做，当然，我自己的零花钱也自己花。"

妈妈翻个白眼说："没问题，但是今天花掉的零花钱是不会再回来了！"

何包哀号一声："啊！"

何包日记

我一直觉得上学很痛苦，而当妈妈是非常简单的事，每天只要洗洗衣服做做饭就可以了。在我当了一天妈妈后，却发现当妈妈并不容易。我只当了一天就累得腰酸背痛，而妈妈每天都要这么辛苦。以后我会尽量管好自己，少让她操心。

第2章

作弊的滋味

何包考了84分，这让妈妈非常惊喜。可是何包知道这成绩是通过作弊取得的，心里很过意不去，主动向爸爸妈妈承认了错误。

下午数学课上，高老师让大家回家后好好复习，明天要进行一次随堂测试。

放学后，何包一边收拾书包，一边抱怨：“真是考考考，老师的法宝啊，天天就知道考试！”

大壮走过来拍了拍他的肩膀，说：“何包，你嘀咕什么呢？”

何包郁闷地说：“明天又要考试了，真怕！”

大壮轻松地说：“咱们都上了这么多年学了，还怕考试？”

何包说：“我不是怕考试，我是怕考不好挨揍呀！你是不知道我妈有多么凶！”

大壮笑着说：“我怎么不知道？天下妈妈一般凶！别说

这个了，咱俩去打球吧。”

何包烦躁地说：“不去不去。我有好多公式还没背下来，晚上回家之后还得系统地复习一遍，免得明天考试又不及格。”

大壮说：“你都那么多次不及格了，还差这一次吗？走吧，跟我玩去。”

最后何包还是没有抵得住诱惑，跟着大壮去打球了。晚上到家之后，何包匆匆忙忙地写完了作业，根本没有时间复习。那明天的考试该怎么办呢？何包开始犯愁了。

第二天早上，何包很早就到了学校，准备好好复习数学。可是不管他怎么努力，都记不住公式。为了避免考试不及格，他想到了一条捷径：作弊。他趁没人注意，把所有的公式都抄到了左手上，准备考试的时候找机会偷看。

数学考试开始了，何包先把自己会做的题做完，然后趁着高老师转身的时候，偷偷张开手掌，一边看公式一边做题。何包还是第一次做这种事，心里十分紧张，就像怀里揣了只兔子一样。有好几次，高老师突然转身，吓得何包差点把笔掉了。

考试结束后，何包第一时间冲出教室，来到洗手间，把手上的公式洗掉，避免留下“罪证”。

下午第二节课的时候，高老师把试卷发了下来。何包一看，自己居然考了84分，这可是开天辟地第一次考这么高。在课堂上，高老师当着全班同学表扬了何包，说他进步很大，让大家都向他学习。

下课后，大壮笑眯眯地过来，对何包说：“可以啊，何包！昨天咱俩都没复习，今天我才考了50多分，而你考了80

多分。快跟我说说，有什么学习秘诀？”

想到自己作弊的事，何包心里很乱，就说：“我也没有什么秘诀，就是把公式都记牢了，然后往上套呗！”

大壮想了想，学数学好像就是这么回事，就乐呵呵地出去玩了。

放学回家之后，何包原本是想把试卷拿给妈妈看的，可是他一想自己这成绩是怎么来的，就有些泄气。他悄悄地把试卷放进书包里，然后开始写作业了。

妈妈进房间送水果，见何包的书包胡乱地扔在床上，书扔得乱乱的，就帮他整理。妈妈无意中发现了这张试卷，忍不住使劲揉了揉眼睛，大声说：“何包，这是你的试卷吗？”

何包有些慌乱地说：“是，是啊。”

妈妈激动地说：“天啊！何包，我还是第一次看到你考这么高的分数。你等着，妈给你做好吃的去。”

妈妈说完迅速冲进厨房，给何包炖上了红烧肉。何包一边写着作业，一边闻着红烧肉的香味，心情十分复杂。

妈妈把红烧肉做好了，喊何包出来吃饭。何包夹起一块红烧肉，突然有些心慌，不小心把红烧肉掉在了地上。

何包刚要弯身伸手去捡，妈妈大喊一声：“我来！”然后她亲自捡起来放进了何包的碗里，接着拿起一块抹布把地板擦得干干净净。这让何包和爸爸看得目瞪口呆。

过了好半天，何包才回过神来，艰难地说：“妈妈，我真的是你亲生的吗？”

妈妈翻个白眼说：“当然了，你这么淘气，要不是亲生的，我早把你赶出门去了。说正经的，你第一次考这么好的成绩，怎么不告诉妈妈，让妈妈高兴高兴呢？我总算看到你考80多分了！”

想到自己作弊的事，何包心虚地说：“我这是正常发挥，以后我可以经常考80多分。”

妈妈听了很高兴，往何包的碗里倒了一大半红烧肉，兴奋地说：“小包子，只要你好好学习，妈天天给你做红烧肉吃。”

吃完饭，何包回到房间，看着自己得了84分的试卷，特别忐忑，不知道该不该跟爸爸妈妈坦白。他想来想去，决定还是做一个诚实的孩子，于是拿着试卷来到客厅，对正在做家务的妈妈说：“妈妈，我今天犯了一个错误。”

妈妈笑着说：“不管你今天犯了什么错误，看在你考了84分的分儿上，妈妈都原谅你。”

何包惭愧地说：“对不起，妈妈，我这成绩是通过作弊得来的。”

妈妈生气地说：“你怎么作弊的？”

何包小声说：“考试前，我先把公式写在了手上。考试时趁老师不注意偷看了，所以才考了这么多分。”

下一秒，妈妈已经要暴走了。爸爸见状，急忙过来打圆场，说：“小包子，虽然你作弊了，但是爸爸觉得如果你能把公式背下来是能够取得好成绩的。你愿意跟爸爸一起把公式背下来吗？”

何包羞愧地说：“我愿意。”

爸爸说：“那这份试卷你就珍藏着，告诉自己以后不能再作弊了。现在跟爸爸回房间把公式都背下来，好吗？”

“好的。”何包重重地点了点头。

何包日记

在数学考试中，我通过作弊取得了高分，还获得了老师的表扬，但是我并没有觉得快乐，反而很心虚，很羞愧。这是我第一次作弊，也是最后一次。以后我一定会凭借自己的实力，考出让妈妈满意的分数。

第3章

都是贪吃惹的祸

秋游时，何包发现了一些奇怪的野果，他很想尝尝是什么味道，但又怕有毒，于是就把都美丽叫了过来。

下个星期学校要组织秋游，燕子老师在班里宣布了这个消息，并让大家提前准备好衣服和食物。何包到家之后，就把这个消息告诉了妈妈。

妈妈知道以何包的性格，如果早点把零食买回来，只怕秋游还没开始就被吃光了，所以直到秋游的前一天才帮何包准备好零食。

何包仔细检查了妈妈买回的零食，噘着嘴说：“妈妈，你怎么才买了这么点儿啊？这哪够我吃呀？”

妈妈不满地说：“都买了满满一包了，你还嫌少，你是去秋游，还是出国啊？嫌少你自己去买，这些留给我吃。”

何包赶紧护住零食，高兴地说：“不嫌少，不嫌少，谢谢妈妈。”

第二天一早，何包带着零食来到了学校，和同学们一起坐上了去秋游的汽车。在车上，同学们有的聊天，有的吃零食，都十分开心，半小时后到了目的地。

下车之后，同学们发现是来到了一座山的脚下。燕子老师交代了注意事项，就带领大家爬山。何包和大壮走得快，很快就来到了半山腰，在这里等着其他同学。

被落在后面的同学需要好一阵子才能追上来。何包觉得无聊，就东看西看，突然发现了一种奇怪的野果。这种野果长得很像草莓，颜色是红色的，但个头要比草莓小很多，浑身还长满了“小疙瘩”。

何包很想尝尝是什么味道，但又怕有毒，就大声说：“大壮，快来，我发现了一个好东西。”

一听说有好东西，大壮一溜烟跑了过来，还大声嚷嚷着：“什么东西？让我看看！”

何包指了指自己发现的这个红色的野果，对大壮说：“你看，我发现了这个东西，我很想尝尝，又怕有毒。”

大壮得意地说：“我有一个好办法，你要不要听？”

何包急切地说：“什么办法？”

大壮说：“你说咱们班谁最能吃？”

何包说：“当然是肉嘟嘟了，别人是吃一点就能饱，她吃饱了还能再吃点儿，哈哈哈！”

大壮笑着说：“英雄所见略同。我的办法是，等一会儿她爬上来了，我们让她先吃。要是她吃完没中毒，我们再吃，怎么样？”

何包两眼放光地说：“你这个方法简直太棒了！”

大壮和何包守护在野果旁边，等着都美丽的到来。不一会儿，都美丽来了，大壮赶紧叫她："肉嘟嘟，过来这里！"

都美丽边往这边走边说："什么事？"

何包狡猾地说："快过来，有好吃的给你。"

一听有好吃的，都美丽马上加快了步伐，来到何包和大壮身边，说："什么好吃的？快给我看看！"

何包指着紫色的野果说："你看，我们发现了一些野果，特意给你留着呢。"

都美丽一听"野果"两个字，马上两眼放光，兴奋地说："太好了，我来尝尝。"

她迫不及待地摘了一颗塞进嘴里，眨巴着眼睛说："味道还不错呢，又酸又甜。"

一听她说味道不错，何包也摘了一颗放进嘴里，觉得还不错。于是，三个人津津有味地吃了起来。

娇娇看到他们三个站在一起，就过来说："你们不快点爬，在这干什么呢？"

何包边吃野果边口齿不清地说："我们在吃野果呢，你要不要来几颗？"

娇娇仔细看了看这种野果，着急地说："哎呀，这是蛇莓，要是吃多了，可能会拉肚子的。你们吃了多少了？"

何包一听，赶紧扔掉了手里的蛇莓，说："哎呀，我们已经吃了一会儿了，这可怎么办呢？"

娇娇说："还愣着干什么呀？快去告诉老师，送你们去医院吧！"

没办法，何包只好领着大壮和都美丽去找燕子老师，说

明了情况。燕子老师赶紧带他们去医院，经过检查，他们只是轻微的食物中毒，输点液就好了。

三个人坐在诊室里，一边输液，一边聊起了天。

何包说："真对不起，肉嘟嘟。要不是我和大壮，你也不用来医院。"

都美丽说："没关系的，何包。也怪我自己太贪吃，咱们是一起吃的，我的症状比你们严重多了，都是因为我太能吃了。以后我可得管住自己的嘴巴，不能乱吃东西了。"

听到都美丽的话，大壮兴奋地说："肉嘟嘟，你应该这么想，经过这次之后，你就会管住自己的嘴巴，然后越来越瘦，说不定还能变成一个大美女呢！"

何包说："好了。总之，我们以后都要管住自己的嘴巴，不该吃的不吃，不该喝的不喝。这次就是教训呀！"

何包日记

这次秋游原本是十分快乐的，却被我给搅黄了。因为我看到了一种不知名的野果，很想尝一尝味道。都美丽先吃，我和大壮也吃了，然后我们就进了医院。以后我要管住自己的嘴巴，不该吃的东西不吃。

第4章

都美丽减肥记

在接力比赛中拖了小组的后腿，都美丽非常自责，决定努力减肥。没想到，第一天她就饿晕了。

都美丽非常喜欢吃零食，经常零食不离手，长得肉嘟嘟的，所以她绰号是“肉嘟嘟”。

一开始，都美丽并没有减肥的意识，她觉得比起好看，吃到美味的零食更加重要。可是自从上次食物中毒，她突然意识到，应该管住自己的嘴巴，不该吃的东西不要吃。后来体育课上遭受的打击，更让她坚定了减肥的决心。

那次体育课上，顾老师组织大家进行接力比赛。大家为了取得好成绩，不想和都美丽一组，以免被她拖后腿。最后，何包看着孤单的都美丽，想起自己上次曾经坑了她，只好硬着头皮让她来到自己这一组。就这样，何包、乐乐、大壮和都美丽组成了一组。

比赛开始后，大壮健步如飞，把其他组的同学落了很远。第二棒是何包，他跑得也很快，让本小组的成绩依然处于遥遥领先的位置。第三棒是乐乐，他的速度虽然比不上大壮和何包，但也不算慢，让小组的成绩依然处于第一。可是到了第四棒的时候，都美丽刚跑了一会儿，就气喘吁吁了。虽然她还在坚持跑，可是很快就被别的组的同学给超越了。就这样，何包的小组从原本的遥遥领先一下变成了最后一名。

接力赛结束之后，何包十分郁闷，忍不住抱怨起来："我说肉嘟嘟，你的速度也太慢了，还没我走得快呢。你就不能快点跑吗？"

都美丽委屈地说："我也想快点跑，可是我太胖了，根本跑不动。"

大壮说："肉嘟嘟，不是我说你，但你真的太胖了，都快赶上两个娇娇重了。身体要是不健康，可不好。"

都美丽眼泪汪汪地说："好吧，我减肥。从今天开始，我要少吃点。"

就这样，都美丽开始了她的减肥计划。第一步就是少吃。原本她每天早上都要吃几个肉包子，再喝一大碗粥，可现在为了减肥，她只喝了一杯牛奶。在路上，当看到别的同学吃肉包子时，她的口水都快流出来了。

上第一节课的时候，都美丽还能坚持。到第二节课时，她就饿得肚子咕咕叫。老师讲的什么，她根本就听不进去，满脑子想的都是肉包子、麻辣烫、烤冷面……

高老师见都美丽心不在焉，就问道："都美丽，你想什么呢？”

都美丽张口就说：“肉包子！”

高老师生气地说：“现在上课呢，要好好听讲，别光想着吃，坐下吧。”

坐下之后，都美丽想的还是好吃的，老师讲的是什么，她一点都没听进去。

第三节课是体育课，都美丽摸着饿扁的肚子，真希望有位老师走进来说：“今天体育老师有事，上不了课了。”可是这都是她的幻想。体育课不但要上，老师还要进行100米测验。

都美丽得知这个消息后，特别忐忑不安，她想：我现在饿得站都站不稳了，还怎么跑步呀？

可是她不敢告诉体育老师，只好硬着头皮往前跑，刚跑了一会儿，她就觉得眼前一黑，倒在了地上。

等她醒过来的时候，看见老师焦急的眼神。顾老师着急地说：“你这是怎么了？用不用去医院？”

何包笑着说：“老师，她什么事儿都没有，就是饿晕了。现在要是能给她一个肉包子，保准比什么药都好使。”

顾老师又好气又好笑地说：“那你就去完成这个任务，给她买两个肉包子吧。”

何包嬉皮笑脸地说：“老师，那你也太不了解肉嘟嘟了。以她的饭量，她得吃一屉包子。”

顾老师说：“那你就给她买一屉包子吧，快去快回。”

接到命令，何包一溜烟跑了，很快拿着一屉包子回来了。都美丽狼吞虎咽地吃下包子，感觉这屉包子是自己吃过

的食物中最好吃的。

等她体力恢复过来后，顾老师说："这一节课你就先不用测验了，去找燕子老师吧，让她照顾你。要是还不舒服，就让她陪你去医务室。"

都美丽来到办公室，见燕子老师正在等自己，赶紧低下了头。

燕子老师握着她的手，和气地说："都美丽，你今天是怎么了？"

都美丽羞愧地说："老师，我太胖了，所以我要减肥。早饭只吃了一点，结果刚才上体育课的时候饿晕了。"

燕子老师说："其实减肥有很多种方法，比如你可以多运动，每顿饭少吃一些热量高的食物，慢慢就能瘦下来。大家不是都这么说吗？减肥就是要管住嘴，迈开腿。"

都美丽点点头说："好的，老师。我会养成良好的饮食习惯，慢慢减肥。"

何包日记

我知道减肥是非常痛苦的，因为妈妈天天喊着减肥，却从来没有减下去过。都美丽减肥的第一天，她就饿晕了，实在是太痛苦了。好在她听了燕子老师的话，准备管住嘴迈开腿，逐渐养成良好的饮食习惯。

第5章

白马王子或“骆驼王子”

何包好不容易争取到了演白马王子的机会。当他看到录像里的自己时惊呆了，录像里的他简直就是个小老头呀！

不知道从什么时候起，何包养成了一个坏习惯，就是喜欢驼着背。

爸爸说：“何包，走路的时候要挺直腰板！”

何包说：“知道了，知道了。”

妈妈说：“坐姿要端正！”

何包说：“知道了，知道了。”

虽然爸爸妈妈批评了何包好几次，可他总是不放在心上，还振振有词地说：“多大点事儿呀！就这么点小毛病，根本影响不了我的气质，别大惊小怪的！”爸爸妈妈十分无奈，却也无可奈何。

一天，燕子老师在课堂上宣布，元旦期间，学校要组织文艺会演。听到这个消息，何包十分激动，他想：就我这长相，这气质，怎么也得演个白马王子呀！这可是大好的机会，我得牢牢抓住。

就在他这么想的时候，身后的大壮突然踢了他一脚。何包无故被踢，“噌”地一下站了起来，把燕子老师吓了一跳。

燕子老师说：“何包，你是想自告奋勇参加这次文艺会演吗？”

何包说：“啊，是的，是的。”

燕子老师见他这么主动，十分高兴，说：“我们要学习何包这种积极为班集体出力的精神。”

何包大声对同学们说：“同学们，这可是给咱们班争光的好机会，大家要积极踊跃参加。”

燕子老师笑着说：“何包同学，既然你这么主动，那么你就负责咱们班的这次文艺会演吧！”

见燕子老师这么说，何包急忙回答：“好呀，好呀，我很愿意为班集体出力。”

就这样，何包被天上掉下来的馅饼砸中了，成了这次文艺会演的负责人。一下课，同学们就纷纷围到他身边，开始拍他的马屁。

大壮笑着说：“何包，刚才要不是我，你还得不到这么好的机会呢，你得给我安排个好的角色。咱们这次排个什么节目呢？”

何包想了想说：“演《睡美人》吧，怎么样？或者演《白雪公主和七个小矮人》。不管怎么说，只要让我演白马王子就行。”

娇娇不冷不热地说：“你这么说让我想起了一句话，骑白马的不一定是王子，也可能是唐僧。”

何包不高兴地说：“反正我是负责人，我想演王子就要演王子，你要是再说风凉话，我就不让你演公主。”

娇娇不高兴地说：“不演就不演，我还不稀罕呢。如果你来演白马王子，最好让都美丽来演公主。”

同学们听了娇娇的话，都哄笑起来，这让何包觉得十分没面子。但是他转念一想，自己才是负责人，为了让演出效果更好，就不和娇娇一般见识了。最终他还是决定，让娇娇来演公主。

何包和班里的同学商量过之后，最终决定演《白雪公主和七个小矮人》。接下来的一段时间，他们每天都紧张地排练，争取达到最佳演出效果。

每天吃完午饭，他们就会在教室后面进行排练，不但要背熟台词，还要熟练各种动作。对于何包来说，这可能是他最认真的时候了。

好在功夫不负有心人，很快他们就把台词背熟了，动作也记牢了。每个同学都信心满满，想要发挥出最高水平。

表演那天，何包十分激动，在去学校之前，他对妈妈说：“妈妈，今天我要演白马王子，你一定要来看呀。”

妈妈说：“好的，我有时间一定去。”

何包嬉皮笑脸地说：“那你能把相机带上吗？要知道，我演王子的机会可不多，得记录下珍贵的时刻。”

妈妈上下打量着何包，何包疑惑地问：“妈妈，你干吗这么看着我？我脸上有花吗？”

妈妈笑着说：“没有，我只是突然发现你还挺有自知之明，有些不太习惯。”

何包翻个白眼说：“好了，我去学校了，你下午一定要来呀。”

到了下午演出的时候，何包发现妈妈不但来了，而且还带来了一台摄像机。何包心里简直乐开了花。他想，明星也就这待遇吧，今天我得好好演。

何包上台之后，表现得十分出色，赢得了观众的阵阵掌声，何包心里美滋滋的。

到家之后，何包大声嚷嚷着：“妈妈，快把你拍的录像给爸爸看，让他见见有史以来最帅气的白马王子。”

妈妈却神情古怪地说：“你别高兴得太早了。”

何包心里一惊，说：“妈妈，你不会没拍上吧？”

妈妈说：“拍是拍上了，不过……你自己看吧。”

何包仔细一看，才发现录像中的自己佝偻着背，像个小老头一样。爸爸凑过来看了看，说：“这哪是白马王子呀？明明是‘骆驼王子’！什么鬼魅传说，什么魑魅魍魉妖魔……”

何包看着录像中的自己，笑容凝滞了。

爸爸说着说着，居然唱了起来。

妈妈翻个白眼说：“你怎么一点正形都没有，儿子都变成这样了，你还有心思唱歌！”

爸爸无奈地说：“我说过他很多次，他根本不听，我有什么办法呀？”

何包郁闷地说：“你们之前也没说过我有这么难看呀！

早知道这样难看，我就改正了。”

爸爸笑着说：“既然你想改正，爸爸可以监督你。”

于是，从这天开始，爸爸每天都会说几遍“白马王子变成了‘骆驼王子’”，爸爸妈妈在家里也不叫何包的名字，而是叫他“骆驼王子”。就这样，在爸爸妈妈的激励和监督下，何包现在已经能够站得笔直了。

何包日记

燕子老师让我当文艺会演的负责人，我觉得自己被馅饼砸中了，做梦都会笑醒。我安排自己出演白马王子，还以为自己会特别帅气。看了录像才知道，我已经变成了“骆驼王子”。幸好有爸爸妈妈的激励和监督，我才改掉了驼背的坏毛病。

第6章

从天而降的“三好学生”

平时喜欢调皮捣蛋、成绩垫底、爱捉弄同学的何包居然变成了“三好学生”，这是怎么回事呢？是不是哪里出错了？

在燕子老师眼里，何包算不上一个好学生，因为他调皮捣蛋，不爱学习，还经常捉弄同学，是一个令老师十分头疼的学生。

马上就要期末考试了，何包不知道哪根筋搭错了，居然非常刻苦地学习，每天早早到学校，放学回家后也立刻开始写作业。

妈妈见他这么辛苦，就端了一杯热牛奶过去，说：“喝杯牛奶吧，小包子。”

何包头也不抬地说：“放那吧，妈妈，我一会儿再喝。”

妈妈说：“小包子，你不用这么紧张，我把后台都给你找好了。”

何包激动地说："妈妈，你是拿到这次考试的考题了吗？"

妈妈摇摇头，说："没有。"

何包疑惑地说："那你找到什么后台？"

妈妈说："观音菩萨。"

何包郁闷地说："妈妈，有时候我真怀疑自己是你捡来的。你快点出去吧，别耽误我学习。"

考试结束之后，何包一直非常忐忑，觉得自己考得不好，所以闷闷不乐。爸爸见他这个样子，就问："何包，考试考得怎么样？"

何包小声地说："我感觉不怎么样。"

爸爸郁闷地说："儿子，我可在你身上花了不少钱，你要是考得不好，对得起我吗？"

何包嬉皮笑脸地说："爸爸，你这是投资呀，都是应该的。"

爸爸好奇地问："那我能有多少回报呀？"

何包笑着说："爸爸，你不知道投资有风险吗？"

爸爸郁闷地说："现在我终于知道了。"

考试成绩出来后，何包算是彻底死心了，因为他的成绩一如既往地排名靠后，肯定当不了"三好学生"了。一想到过年的时候，七大姑八大姨都会问自己的成绩，何包就十分心烦。

这天上课的时候，燕子老师拿着一大摞"三好学生"的奖状走进了教室，笑着对同学们说："同学们，考试已经结束了，大家也知道了自己的成绩，不管是不是满意，都是对我们过去一个学期学习的检测。考得好的同学不要骄傲，下个学期要继续保持；考得不好的同学也不要气馁，下个学期继续努力。接下来，我把‘三好学生’的奖状颁发一下。”

燕子老师开始发“三好学生”的奖状，何包坐在教室里，心却早就飞到了教室外面，他想，反正也没有我的份。

就在他出神的时候，身后的大壮突然踢了他一下，说：“何包，老师叫你呢。”

何包回过神来，一下蹦了起来，说：“我在。”

燕子老师笑着说：“何包同学，你这个学期的学习成绩有了很大的进步，虽然还不是特别优秀，但是老师相信你有很大的潜力，一定可以把成绩提上去的。这是你的‘三好学生’奖状，过来拿一下吧。”

听到燕子老师的话，何包兴奋地都要飘到天上去了，他想：苍天啊大地呀，一定是妈妈帮我求的观音菩萨显灵了，要不然我怎么能变成“三好学生”呢？

下一秒，他就冲到讲台前面，从燕子老师手里接过奖状，咧开大嘴笑着，恨不得马上回家，把奖状给妈妈看看。

放学后，何包飞快地回到家，对妈妈说：“妈妈，妈妈，快看，你帮我求的观音菩萨显灵了，今天我被老师评为了‘三好学生’。”

妈妈接过奖状，疑惑地说：“你不是在路上花两块钱买的吧？”

何包噘着嘴说：“这怎么可能呢？你好好看看，上面的字可是燕子老师写的。”

妈妈仔细看了看，确认这是一张真的奖状，笑着说：“天啊，观音菩萨真的显灵了。自从你上学以来，这还是你第一次得到奖状，我得请人把它裱起来，挂在墙上，当成咱们的传家宝。”

何包得意地说：“这个学期我没有怎么努力就变成了‘三好学生’，下个学期我会继续努力拿更多的奖状。”

之后几天，何包在学校里的表现非常抢眼，不但上课的时候主动回答问题，在自习课上也不随便讲话了，还会主动帮助娇娇维持课堂秩序。放学之后，他不再迅速地背着书包回家，而是会多留一会儿，帮值日生打扫教室。

见何包变得这么反常，大壮疑惑地说：“何包，你这是怎么了？”

何包笑着说：“这是‘三好学生’的力量。”

一天下午，何包帮助值日生打扫完卫生，就去倒垃圾，路过办公室的时候，他突然听到了老师说话的声音，忍不住停下了脚步。

高老师说：“按照何包的学习成绩，是不应该被评为‘三好学生’的呀。”

燕子老师笑着说：“本来是不应该的，可是我把奖状买多了，所以给他发了一张。”

听到这里，何包十分郁闷，他想：原来是奖状买多了，才发给我的呀。

他刚要轻轻离开，就听见燕子老师又说：“不过看他最近几天的表现，我觉得他应该被评为‘三好学生’。”

听到燕子老师的话，何包激动得都快哭了，他想：燕子老师，谢谢您对我的信任，以后我一定会好好表现，做一个名副其实的“三好学生”。

何包日记

得知我被评为了“三好学生”，我兴奋得差点晕过去，然后我就以“三好学生”的标准要求自己。直到我听到燕子老师的话，才知道了我变成“三好学生”的原因。但是我也想开了，英雄不问出处，以后我会做一个名副其实的“三好学生”。

第7章

垃圾分类小分队

原本衣服十分整洁的文曲星，突然变成了一个小邋遢，这让何包觉得十分奇怪。何包忍不住，打开了文曲星的书包。

最近一段时间，文曲星变得十分奇怪。原本他是一个衣服整洁、按时到校、上课认真听讲的好学生。可现在不知道怎么了，他不但经常迟到，而且身上还有一股奇怪的味道。同学们经过他身边的时候，都要捂着鼻子走。

虽然何包不太喜欢文曲星，可是看到他有这么大的变化，也有点担心，就问文曲星：“文曲星，最近你家里出什么事儿了吗？”

文曲星结结巴巴地说：“没，没有啊。”

何包说：“那你怎么变化这么大呢？以前我觉得自己挺邋遢，现在跟你一比，简直是小巫见大巫呀！”

文曲星低下头说：“没，没什么的。”

何包可不相信文曲星的话，他认为一定是发生了什么事。于是，他趁文曲星出去上厕所的时候，偷偷地打开了文曲星的书包，结果从里面掉出了很多易拉罐和饮料瓶。何包看着这些东西，陷入了沉思。

不一会儿，文曲星回来了，见何包在翻自己的书包，不高兴地说："何包，你怎么翻我的东西呢？老师说，随便乱翻别人的东西是不礼貌的。"

何包深情地说："文曲星，虽然我不知道你家遭遇了什么变故，但是看情况，你现在的生活应该挺困难的。虽然平日里咱俩关系不咋样，但是你放心，只要有我何包一口肉吃，我就能让你喝上汤。从今天开始，我每天都从我的零花钱里拿出两块钱给你。"

文曲星哭笑不得地说："何包，你胡说什么呢？"

何包说："我没有胡说啊，你看你都开始捡破烂了，生活一定是特别困难。你不用跟我客气，我也不会笑话你。"

文曲星说："何包，我谢谢你的好意，但是我真的没事。我之所以捡这些易拉罐和塑料瓶回来，是为了保护环境。"

何包疑惑地说："是吗？"

文曲星说："是的。暑假我看了一期节目，是宣传垃圾分类的。看完之后，我受到了很大的触动，所以我决定要积极践行垃圾分类理念。"

何包激动地说："哎呀，真没想到你的思想觉悟这么高，我以前一直以为你是一个只知道学习的书呆子。"

文曲星翻个白眼说："你没想到的事情还多着呢。"

何包说："你还缺队员吗？你看看我怎么样？我愿意跟你去捡破烂，不如我们就成立个捡破烂小分队吧，你来当队长。"

见何包和文曲星聊得火热，大壮就凑过来听，听到"队长"两个字，急忙说："我来当副队长。"

何包笑着说："你知道我们要做什么吗，你就要当副队长？"

大壮赖皮地说："不管你们要做什么，反正我是要当副队长。"

文曲星见何包和大壮这么热情，就说："那好吧，咱们就成立一个小分队，但是是垃圾分类小分队。放学后，你们俩就跟我进行垃圾分类去。"

放学后，何包和大壮就来催文曲星快点出发，文曲星却不紧不慢地说："有这么一句话，叫磨刀不误砍柴工。你们知道垃圾分类的标准吗？就这么着急去。"

大壮嘿嘿一笑："还真不知道呢，你来说说。"

文曲星一副"我早就知道"的样子，笑着说："可回收的垃圾主要包括废纸、塑料、玻璃、金属和布料五大类。其他垃圾包括除上述几类垃圾之外的砖瓦陶瓷、渣土、卫生间废纸、纸巾等难以回收的废弃物及尘土、食品袋（盒）。厨余垃圾包括剩菜剩饭、骨头、菜根菜叶、果皮等食品类废物。有害垃圾包括电池、荧光灯管、灯泡、水银温度计、油漆桶、部分家电、过期药品、过期化妆品等。"

大壮一听垃圾分类的内容这么多，头都晕了，就说："内容好多啊，比课本上的知识还难，我可记不住。"

文曲星鼓励他："没关系，在咱们学校里，还是可回收的垃圾多。你先在学校里实践，等把这些分清楚了，再回家去区分别的垃圾。"

于是，三个小伙伴一起来到垃圾桶边，开始对垃圾进行分类。他们干得热火朝天，但也没有分类多少，因为垃圾实在是太多了。

何包灵机一动，说："我觉得靠咱仨的力量实在太小了。应该跟老师说，在学校开展垃圾分类宣传活动，大家回家之后再向爸爸妈妈宣传，这样才能见到效果。"

文曲星竖起大拇指说："何包说的有道理。"

能够得到学霸的赞扬，何包心里美滋滋的。

何包日记

虽然我平时不太喜欢文曲星这个人，可是看着他突然变得那么邋遢，我还是有点关心他的。了解到实情后，我才知道，原来他是为了环保。现在我已经加入了他组建的垃圾分类小分队，为环保做一点贡献，还提出了有用的建议。

第8章

“家庭法庭”

由于何包在学校里表现不好，所以受到了妈妈的“指控”。何包成了“家庭法庭”的“被告”，接受了“审判”。

最近一段时间，何包在学校的表现很不好，他上课不认真听讲，经常回答不上老师的提问。今天妈妈去开家长会，见别的同学的成绩都很优异，而何包的成绩却在班里垫底，就气不打一处来。

下午放学回家，何包见妈妈阴沉着脸，就知道一场暴风雨是躲不过去了，他小声说：“妈妈，我回来了。”

妈妈生气地说：“你还有脸回来！”

何包低下头，吓得不敢说话。

妈妈生气地说：“你每天和别人一样背着书包去上学，为什么人家都能考九十多分，你才考个五六十分？今天我去开家长会，简直太丢人了！”

见妈妈这么生气，爸爸赶紧来打圆场："好了，别生气了，只要何包再努努力，成绩一定能提上去的。"

妈妈生气地说："还有你，每天就知道看报纸，孩子的成绩都烂成什么样了，你也不管管！今天先别吃饭，咱们得好好'审理'一下。"

爸爸和何包对视了一眼，默默地坐到沙发上，等着"开庭"。

妈妈坐到另一张沙发上，虎视眈眈地看着何包，对爸爸说："你先当'法官'，现在'被告'是何包，等把他的'案件'审理完了，再'审'你。"

爸爸无辜地说："我又没犯错……"后半句还没说出就被妈妈瞪回去了。

妈妈说："何包，你是'被告'，去拿个小板凳坐着。"

何包不敢反抗，只好乖乖听命。

等大家都坐好之后，"原告"妈妈开始列举"被告"何包的罪状，比如上课不好好听讲，回家不好好写作业，写字潦草，单词背不下来……妈妈一口气说了十几分钟，吓得何包一句话都不敢说。

等妈妈说完了，"被告"何包才怯生生地说："'法官'大人，请听我说几句。我承认，我的成绩不太好，但是问题是之前的基础太差，现在想好好学习有点吃力。'原告'不辅导我学习，现在又嫌弃我成绩差，我表示不服。"

"法官"爸爸点了点头，扭头遇上妈妈的目光，赶紧说："'被告'，你有上进心是好事。这样吧，本'法官’判决以后‘原告’每天陪你学习一个小时，等你的成绩提上来了再说。”

何包说：“谢谢‘法官’。”

爸爸又说：“‘原告’对此有什么意见吗？如果没有的话，本‘法官’要‘宣判’了。”

妈妈想了想，表示没有意见，何包的“案子”就算“审理”结束了。

爸爸宣布完“审理”意见，就想开溜，却被妈妈抓住了。妈妈说：“现在你跟何包交换位置，由何包来做‘法官’，开始‘审判’你。”

何包“刺溜”一下就来到爸爸身边，对爸爸说：“爸爸，现在该你去坐小板凳了。”

爸爸幽怨地看了何包一眼，坐到了小板凳上。

何包大声说：“‘本庭’今天对爸爸的‘案件’进行‘审理’，先由‘原告’发言。”

妈妈说：“‘被告’在家里的表现非常不好，既不关心孩子的学习，也不做家务，每天就知道喝茶，看报纸，没有承担起对家庭的义务。”

“被告”想了想，无言以对，就低下了头。

妈妈见爸爸不说话，又说：“‘被告’偷偷藏私房钱。”

“被告”哀怨地看了何包一眼，没有说话。

何包问：“‘原告’还有什么要补充的吗？”

妈妈说：“没有了。”

何包说：“‘本庭’现在宣布，‘被告’应该主动帮‘原告’做一部分家务，不能做甩手掌柜。另外，关于私房

钱的问题，‘本法官’认为情有可原，不予追责。”

妈妈想了想，觉得似乎有些道理，就说：“好了，现在‘审判’结束了，我可以去做饭了。”

何包大叫道：“这不公平，刚才我和爸爸都是‘被告’，现在该轮到你了。”

爸爸急忙冲过来捂住何包的嘴说：“别乱说，回头让你妈打击报复怎么办？”

妈妈说：“我有什么可‘审判’的，我可是上得了厅堂，下得了厨房。不过既然你提出来了，我也当一回‘被告’好了，免得你们不服气。”

何包小心翼翼地说：“那你可得保证，以后不能对我和爸爸进行打击报复。”

妈妈说：“行，我保证。”

何包说：“‘被告’，现在该你去坐小板凳了。”

妈妈坐到小板凳上，现在由爸爸当“法官”，何包是“原告”。

何包说：“‘被告’对我一点儿都不温柔，经常训我，对我进行粗暴式教育。”

说到这里，何包停顿了一下，看看妈妈的脸色。见妈妈没有发作，他才放心地说：“而且‘被告’洗衣服不太干净，有一次我从校服的口袋里掏出了一块透明皂，被同学笑话了好几天。”

妈妈想了想，觉得何包说得有道理，就没有吭声。

何包想了想，说：“我就说这么多吧，总体来说，‘被告’还是不错的。”

这时候，爸爸突然放了一个响屁。

妈妈生气地说：“你不服？”

爸爸赶紧说：“服，服，我只是给你下一个‘腚’论。”

这次开庭之后的很长一段时间里，一家人都能和谐相处。

何包日记

这是我们的“家庭法庭”第一次“开庭”。第一个“被告”是我，我认识到了自己的错误之后，爸爸和妈妈又接连成了“被告”。我想经过这次“开庭”，我们家的每个成员都能管好自己，让我们的家庭生活变得越来越幸福，相处变得越来越和谐。

第9章

第一次独自在家

一觉醒来，何包发现爸爸妈妈都不见了，等了半天也不见回来。他打电话给爸爸才知道，原来他们把何包忘记了……

星期六上午，何包睡到很晚才醒来。他看了看床头的表，居然已经十点半了。以往每个周末，妈妈早就开始大声喊叫了，现在怎么这么安静呢？何包觉得很奇怪，赶紧爬出被窝，准备去看个究竟。

他来到客厅，发现爸爸妈妈都不在，又去了他们的卧室，也没有发现他们。爸爸妈妈到底去哪儿了呢？何包猜想，他们可能是去买菜了。趁着爸爸妈妈不在家，何包准备先玩会儿电脑。

何包打开电脑，美滋滋地玩起了游戏，一直玩到他的肚子饿得发出抗议了，才想起早饭还没吃。他抬起头一看，已经十二点了，爸爸妈妈怎么还不回来？他等不了了，就拨通了爸爸的手机。

何包拿着电话等了半天，爸爸才接起来，问："喂，何包吗？"

何包郁闷地说："不是我，还能是谁？你们俩去哪儿了？怎么也不回来给我做饭呢？"

爸爸说了一声"糟糕"，才不好意思地说："哎呀，早上出门的时候把你忘了。我去了你的房间，可是你的房间太乱了，我翻了半天没找到你，以为你没在家，就跟你妈妈走了。"

何包一听，生气地说："我就这么得不到你们的重视吗？"

这时候，妈妈接过电话说："我和你爸参加婚礼呢，忘记带你了。你在家找点零食填饱肚子，晚上妈带你吃大餐去，拜拜！"

何包还没来得及开口说话，妈妈就把电话挂断了。他听着电话里传来的忙音，别提多郁闷了。他想，晚上我一定得吃顿大餐，让爸爸妈妈好好补偿我！

可是距离到晚上的时间还早，现在肚子就已经开始抗议了，怎么办呢？

没办法，现在自己一个人在家，只能自己找点吃的了。吃点什么好呢？何包打开冰箱，看到昨天吃剩的米饭，本来想来个开水泡饭，后来一想，泡饭一定很难吃，就想换点别的吃。他想来想去，最后决定吃蛋炒饭。

回想着妈妈做蛋炒饭的样子，何包先切了一点葱花，然后把锅烧热，倒入一点油，再把葱花放进去。然后他迅速拿出两个鸡蛋打进碗里，搅拌了一下倒进锅中，再把剩饭倒进去，不停地翻炒。两三分钟后，鸡蛋熟了，他就把蛋炒饭盛进碗里。何包把碗端到桌上，一边看电视，一边吃蛋炒饭。刚吃了一口，他就意识到有些不对劲，原来是忘记放盐了。他只好从冰箱里找了一袋咸菜，吃一口米饭，就一口咸菜。

吃完饭后，他觉得有些无聊，又想：刚才爸爸嫌我的房间乱，简直是对我的侮辱，看他们不在家，我把自己的房间好好打扫一下，让他们大吃一惊。

说干就干。何包回到卧室，先把被子叠起来，把床单铺整齐，又把床上扔着的脏衣服全部收到了卫生间。然后他开始收拾自己的书桌，把胡乱放着的故事书和杂志都摆整齐放到书架上。

接下来，何包又扫了地，还用拖把拖了一遍，现在整个房间看起来整洁多了。他看着自己的劳动成果，心里别提多得意了。

收拾完房间之后，何包看了看表，才3点多，接下来该干点什么呢？何包想，既然已经把脏衣服都放进卫生间了，不如就洗了吧。他来到卫生间，把一大堆衣服一股脑地放进盆里，倒上洗衣液，就开始搓。刚搓了一会儿，他就听见了开门声，他想一定是爸爸妈妈回来了！何包第一时间冲出卫生间，来到门口迎接爸爸妈妈。

妈妈见何包一手泡沫，问他："何包，你在家里搞什么鬼？"

何包委屈地说："妈妈，你怎么不分青红皂白就说我搞鬼呢？你应该先看一下我的劳动成果呀。"

妈妈将信将疑地跟着何包来到他的卧室，发现卧室被打扫得十分干净，笑着说："你要是早点有这个觉悟，也不会被我们落在家里了。"

何包哀怨地看了妈妈一眼，又说："妈妈，你猜我还干什么了？”

妈妈说：“难道你自己洗衣服了？”

何包说：“真是有其子必有其母呀！妈妈，你可真聪明。我刚才就是在洗手间洗衣服呢，你去看看。”

下一秒，妈妈在洗手间发出了一声怒吼：“何包！”

何包疑惑地说：“妈妈，你难道对我洗的衣服不满意吗？”

妈妈咬牙切齿地说：“你怎么可以把不同颜色的衣服放在一起洗呀？你看我这个白色的裙子都染成蓝色的了，我还怎么穿呀？”

何包见自己好心办了坏事，赶紧冲回房间躲了起来。

妈妈平复了一下心情，觉得还是应该以鼓励为主，就来到何包房间的门口，小声说：“何包，虽然你今天做的家务有小小的纰漏，但妈妈还是得表扬你，你做得很不错，是爸爸妈妈的小帮手。”

何包听了妈妈的话，刚才的不快才一扫而光。

何包日记

虽然我知道自己的房间脏乱差，但是听到爸爸的话，我还是很受伤。所以趁他们不在家，我积极地打扫了我的房间，还主动洗了衣服。我对我今天的表现很满意，唯一的失误就是洗衣服时把妈妈的衣服染上色了。哎，下次注意吧！

第10章

燕子老师受伤了

一向上课十分准时的燕子老师居然迟到了，大家都觉得十分奇怪，燕子老师到底去哪儿了呢？很快，谜底就揭晓了。

上午第一节课是语文课，同学们都早早拿出课本，等着老师来上课。按照惯例，燕子老师会踩着铃声来上课。

“丁零零——”

上课铃声响了，燕子老师居然没有出现，这可是以前从来没有出现过的情况。燕子老师怎么了？同学们纷纷开始猜测。

“据我推断，燕子老师一定是相亲去了。你想，她一个大龄剩女……”何包悄悄回过头对大壮说。

“听你这么一说，好像很有道理的样子。”大壮摸着头说。

“那当然了，我对大人的心理了解得可多了，一定是我说的这样。”何包斩钉截铁地说。

“这么说来，燕子老师也挺累的呀，每天要管着我们，还要操心自己的事。”大壮说。

“是啊，是啊。”何包说。

“何包，不要交头接耳。”娇娇大声说。

何包做了个鬼脸，就低下头看书了。

过了5分钟，燕子老师还没有来，教室里突然变得热闹起来。几个调皮蛋都坐不住了，要么交头接耳，要么扔小纸条，娇娇根本管不过来，感到十分无奈。

突然，教室门外面传来了脚步声，大家以为是燕子老师来了，赶紧安静下来，假装看书。没想到脚步声在教室门外并没有停止，而是由近及远地消失了，于是，班里马上像煮开的水一样开始沸腾起来。

见老师没来，何包和大壮胆子越来越大，居然一起跑到讲台上，模仿起燕子老师说话。

何包说：“同学们，今天我们这节课的主要任务就是玩，大家可以尽情地玩。”

大壮说：“对，主要任务就是玩，大家有什么意见吗？”

突然，教室的后门传来一个声音：“我有意见。”

何包和大壮仔细一看，原来是燕子老师来了，赶紧灰溜溜地回到座位上。

只见燕子老师一瘸一拐地走到讲台上，对大家说：“对不起！同学们，今天老师迟到了。老师刚才在来学校的路上不小心摔了一跤，没有准时上课，请大家原谅。”

说着，燕子老师还对大家鞠了一躬，就开始上课了。

何包见燕子老师受伤了，还坚持来给大家上课，自己刚才却在恶作剧，不由地脸红起来。他怕别人看见，只好用书挡住脸。

下课后，何包拉着大壮来到一个没有人的角落，对他说："我觉得咱俩刚才在课堂上的表现不太好，燕子老师都受伤了，咱俩还在课堂上捣乱。"

大壮说："我也这么觉得，咱俩确实有点过分了。是不是应该想个办法补救一下？"

何包说："我之所以把你叫过来，就是想补救一下。你有什么好办法吗？"

大壮说："既然燕子老师受伤了，这两天一定会行动不便，我想咱们可以帮助她管理好班级纪律，让她少动，安心养伤。"

何包说："你看你平时脑袋不灵光，关键时刻却能想出好办法，就这么定了。"

大壮说："你说谁脑袋不灵光？"

……

然后大壮和何包一起来到了燕子老师的办公室，见燕子老师正在往伤口上涂药水，不由得十分心疼。

何包说："老师，您的伤严重吗？"

燕子老师说："只是小伤，没事的。你们两个过来是有什么事情吗？"

何包不好意思地说："老师，刚才上课的时候，我俩调皮捣蛋了，现在来向您道歉。"

燕子老师说："没那么严重，既然你们已经认识到了错误，老师就原谅你们。”

大壮鼓起勇气说：“老师，我们两个过来是想对您说，现在您受伤了，行动不太方便，我们两个可以帮您管理班级纪律。”

燕子老师想了想，说：“我怕这样会影响你们的学习。”

何包自信地说：“老师，要是由我们两个最调皮的人来管理纪律，班里那些调皮蛋一定不敢瞎起哄了。”

燕子老师说：“那好吧，今天的自习课就让你们两个来试一试。”

何包和大壮高兴地说：“好的，老师。”

自习课上，那几个调皮蛋以为燕子老师受伤了，一定不会过来了，就开始交头接耳。还有几个人故意发出声响，让大家都学不进去。

突然，何包拎着凳子走上了讲台。那几个调皮蛋以为他又要搞怪，就安静下来，等着看好戏。

没想到何包开口说：“同学们，大家安静一下。这一节课由我来负责咱们班的纪律，希望大家认真学习，就算不想学习，也不要影响别的同学。”

说完，他就坐在讲台上看起了书。

有一个调皮蛋说：“何包，你这是怎么了？遭受打击了？”

何包大声说：“不是。燕子老师都受伤了，还要坚持来给我们上课，如果我们再打闹，实在对不起老师。所以我决定，这几天主动帮老师维持纪律。如果哪位同学在班里捣乱，别怪我何包不讲同学情面。”

大壮也站起来说：“我支持何包。”

那几个调皮蛋看到大壮和何包如此表现，都不敢再调皮，乖乖地看起了书。

燕子老师站在教室后门，见同学们都在安静地学习，欣慰地笑了。

何包日记

趁着燕子老师没来，我和大壮在班里调皮捣蛋。燕子老师来了之后，我才发现，她受伤了，但她还坚持来给我们上课。这让我心里很过意不去。我和大壮决定，要帮助老师维持纪律。我们要证明，我们可以管好自己。

第11章

何包练字

期中考试的试卷发下来了，何包发现，有几处之所以被扣分，都是因为自己写字太丑了。于是，他在妈妈的督促下开始练字。

期中考试的试卷发下来了，何包看了一眼自己那惨不忍睹的成绩，悄悄地把试卷折起来，心里已经做好了回家吃“竹笋炒肉”的准备。

回到家后，何包从书包里掏出自己的期中试卷，对妈妈说：“妈，期中考试的成绩出来了，需要你签字。”

妈妈接过试卷一看，气得差点晕过去：“你怎么又没及格？别人家的孩子都考100分，你怎么才考50多分？同样是一个老师教出来的学生，差距怎么这么大？”

何包嘀咕道：“那别人家的孩子一天有20块钱的零花钱，我才10块。同样是当妈的，差距怎么这么大？”

妈妈生气地说：“小兔崽子，你考这么点分，还敢跟我顶嘴？你看看你这字写得跟鸡刨的一样，怎么能得分？”

何包不以为然地说：“其实好多题我都会，就是因为写字太丑，才被扣分的。”

妈妈说：“好啊，既然你认识到了自己的错误，我现在就给你买字帖。从明天开始，每天练习100个字。”

何包灵机一动，说：“妈妈，你这样无缘无故给我加任务，不好吧？如果我能按时完成，有什么奖励没？”

见何包居然好意思开口要奖励，妈妈立刻就要发火，可是她默念了几分钟“亲生的，亲生的”，才缓缓地说：“你想要什么奖励？”

何包得意地说：“我的要求不算高，把我的零花钱也增加到20块就行。这样我的心理会比较平衡，写字的时候会有动力，也不会糊弄……”

妈妈被何包气得头都大了，说：“好了，你先去写作业吧，我现在就下单给你买字帖。”

妈妈在手机上下了单，第二天何包还没到家，字帖就已经到了。

何包回到家，拿起字帖一看，感觉还挺有意思的，就说：“为了20块钱，我要努力！”

他写完作业后，就开始练字。由于他没有练习过，刚写了一会儿，他的手就有点酸了。可是为了20块钱，他还是咬牙坚持着。

写完之后，他兴奋地拿给妈妈看，说：“妈妈，你看，我写完100个字了，快点给我零花钱。”

妈妈仔细地看了看何包写的字，说：“这里有几处写得不好，应该扣钱。这样吧，今天的零花钱打八折，如果你还是不好好写，我就给你打五折。如果你再不好好写，我就把你腿打折。”

何包拿回字帖对比一看，确实有几处写得不好，只好自认倒霉。不过想想16块钱已经比10块钱多了，他还是很高兴的。

第二天，何包拿着零花钱很大方地请大壮吃了一串糖葫芦。大壮一边吃一边惊讶地问：“何包，你是捡钱了吗？怎么突然请我吃这么贵的零食？”

何包得意地说：“我妈妈让我练字，只要我每天写100个字，就能得到20块钱。”

大壮羡慕地说：“何包，你妈妈还缺儿子吗？”

放学回家之后，何包一心想得到20块钱，就认真地完成了100个字，仔细检查无误后，才去拿给妈妈看。

妈妈仔细检查了一会儿，没有发现错误，就痛快地给了何包20块钱。

何包接过钱，表面上十分平静，心里却乐开了花，他想：一天20块，一个月就是600块！天啊，我都成了一个土豪了！

接下来的每一天，何包都为20块钱的零花钱而努力写字，不知不觉中，他的字也有了很大的进步。

这天上课的时候，燕子老师进行了随堂测试。以往何包因为写字潦草总是会被扣很多分，可是现在他的字写得工整了不少，成绩也有了很大的提高，居然考了74分。这可是何包自考试以来取得的最好成绩。他兴奋极了，小心翼翼地把试卷叠好，装进书包里，准备拿回家给妈妈看。

一放学，何包就像兔子一样蹿出教室。回到家之后，他拿出试卷，高兴地对妈妈说："妈妈，你快看，我的成绩提高了很多！"

妈妈接过试卷，发现何包居然考了74分，惊喜地说："小包子真棒，晚上妈妈给你炖鸡吃！"

妈妈做好饭，就过来喊何包吃饭，却发现他正在专注地写字，就没忍心打搅他。何包写完之后，拿着字帖来找妈妈，说："妈妈，你看，我今天练的字。"

妈妈仔细看了看，不由得竖起大拇指说："何包，妈妈不得不承认，你最近的字写得工整多了。"

何包嬉皮笑脸地说："妈妈，如果我每天练200个字，你能把我的零花钱增加到40块吗？"

下一秒，妈妈的笑容凝固了，她大声说："不行！"

何包日记

我就说嘛，像我这么聪明，怎么可能回回考试不及格？分析了试卷之后，我发现写字太丑是我被扣分的一大原因。于是在妈妈的激励下，我开始练字，成绩有了很大的提高。当然，我的零花钱也多了很多，嘿嘿！

第12章

“熊猫”何包

为了奖励何包学习进步，爸爸给他买了一个学习机。没想到，何包沉迷于学习机中的游戏，根本管不住自己。

为了奖励何包学习进步，爸爸特意给他买了一个学习机。接过学习机的时候，何包十分兴奋，发出了一声尖叫：“啊！”

妈妈责怪道：“你要这么叫，邻居们还以为我揍你了呢。”

何包傻笑着说：“嘿嘿，我今天实在是太高兴了。”

说完，他就拿着学习机回到自己的房间，开始研究了起来。

这个学习机应该是最新款的，功能很多，不但可以用来学习，还可以听歌，看电影，玩游戏。对于何包来说，这个礼物简直太棒了。

一开始，何包是想先学习的，可是当他无意中点开游戏之后，就把写作业忘了个一干二净。他玩了一局又一局，不知不觉已经10点了，可他的作业还没有写完呢。

到了十点半，妈妈见他还没睡觉，就推开门过来说：“何包，你怎么还不睡觉？”

何包支支吾吾地说：“今天的作业有点多，我还没写完呢。”

妈妈说：“那你快点写完，早点休息，要不然明天上学该没有精神了。”

“好的，我一会儿就睡。”何包说。

妈妈出去之后，何包赶紧胡乱地写完作业，就躺到了床上。可是他心里痒痒的，只想玩游戏，根本睡不着觉。怎么办呢？他想：现在才10点多，我再玩一会儿吧。他拿出学习机，玩了一局又一局，不知不觉中，已经是凌晨2点多了，他怕明天起不来，才忍痛放下学习机，昏沉沉地睡了过去。

第二天一早，妈妈喊了何包好几遍，何包才起床。何包洗漱的时候，看到自己顶着两个大大的黑眼圈。他怕被妈妈看见，胡乱地洗了把脸就去上学了。

到了学校，大壮见何包的眼圈这么重，打趣他说：“何包，才一晚上不见，你就身价倍增呀。”

何包说：“怎么了？”

大壮说：“你看你都变成熊猫了，国宝多珍贵呢。”

何包苦笑着说：“别笑话我了，我这也是出于无奈呀！”

大壮问：“怎么了，你是头悬梁锥刺股，发奋学习了吗？”

何包说：“才不是呢。我爸给我买了一个学习机，原本

是让我用来学习的，可是我无意中发现上面有很多好玩的游戏。昨天晚上我就是没忍住，一直玩到了凌晨2点，今天才会变成熊猫眼的。”

大壮说：“那你这样可不行呀，晚上不好好睡觉，白天不得犯困吗？”

何包无奈地说：“我上课的时候坚持一下吧，今天晚上可不能熬夜了。”

上课的时候，何包的眼皮直打架，就像抹了强力胶水一样。他虽然一直努力控制，可还是不由自主地睡着了。突然，他听到有人在说：“何包，快醒醒。”

他睁开眼睛，看到外面的天黑漆漆的，吓了一跳：“天啊，难道我睡了一天吗？”

燕子老师站在他身边说：“天没有黑，只是阴天，要下雨了。”

何包拍着胸脯说：“那就好，那就好。啊，燕子老师！”

燕子老师生气地说：“何包，你上课怎么睡觉？给我站起来！”

何包磨磨蹭蹭地站起来，还打了个哈欠。

燕子老师生气地说：“何包，这节课你就站着听吧。要是再让我发现你睡觉，我就请家长。”

一听要请家长，何包把眼睛瞪得溜圆，大声说：“老师，不要请家长，我保证不睡觉了。”

不知道是因为害怕请家长，还是因为站着听课的缘故，之后的几节课，何包都没有睡觉。

燕子老师见他态度诚恳，就说：“何包同学，不得不说，你站得还是挺直的，请继续保持。”

就这样，他站了一天，总算挨到了放学。

放学后，何包无精打采地坐在座位上，心想：这样可不行，要是晚上老熬夜，白天就得犯困，不但没法认真听讲，还有被请家长的危险。想来想去，他决定把学习机交还给爸爸。

晚上到家之后，何包对爸爸说：“爸爸，你把学习机收回去吧。”

爸爸疑惑地说：“怎么？你刚用了一天就不喜欢了吗？”

何包说：“这事说来就话长了。我有两个消息，一个好消息，一个坏消息，你要先听哪个？”

爸爸说：“还是先听坏消息吧。”

何包说：“我今天被燕子老师罚站了，因为我上课睡觉。而我之所以上课睡觉，就是因为管不住自己，昨天晚上玩学习机一直玩到了凌晨2点。”

爸爸无奈地说：“那好消息是什么？”

何包咧着嘴说：“好消息就是，燕子老师夸我站得特别直！”

爸爸听了这话，哭笑不得地说：“何包，你说让我说你什么好？我花大价钱给你买了学习机，你却用它熬夜玩游戏。”

何包低下头说：“对不起，爸爸，我错了。”

爸爸说：“可是如果把学习机给我，不就白买了吗？这样吧，你先再用一段时间。如果你真的不能控制住自己，我就帮你把里面的游戏卸载了。”

晚上，何包写作业时，还想玩游戏，可是他想起自己今天被罚站，还是克制住，没有玩游戏。

早上，妈妈叫何包起床，刚叫了一遍他就醒来了。妈妈说："哎呀，你怎么不按常理出牌呀？以前不都是叫你半天你才起来吗？我的饭还没做好呢，要不你再睡会儿？"

何包无奈地说："妈妈，你也太小看我的自制力了。以后我每天都会早早起床，你要做好心理准备。"

何包日记

我得承认，我的自制力有点差，玩起游戏就忘了时间，一下玩到凌晨2点多。好在我及时悬崖勒马，主动向爸爸承认了错误。看来，我还是能管住自己的，只不过这个时间稍晚了一些，但是总比管不住自己强，对吧？

第13章

今天能不能不读书？

为了增加同学们的阅读量，燕子老师要求大家每天读书半小时。妈妈自告奋勇，要陪何包读书。

燕子老师为了增加同学们的阅读量，布置了一个任务：“每天读书半小时，可以选择儿童读物，也可以选择国学经典，并由爸爸妈妈在朋友圈打卡。”

接到这个任务，同学们议论纷纷，有的抱怨，有的高兴。何包就属于抱怨的一个，他想，燕子老师可真多事！

到家之后，何包不情愿地告诉了妈妈这个任务。妈妈高兴地说：“这是好事呀。我可以陪你一起读，正好我还有很多杂志没有看完呢！”

何包无奈地说：“妈妈，燕子老师说的是读儿童读物，或者国学经典，可没有让我们看杂志。”

妈妈翻个白眼说：“我有着深厚的文化底蕴，根本不需要读书。我只是为了监督你，才说要看杂志的。”

何包说："妈妈，你可别吹牛了。既然你这么有文化，那你给我讲讲，'苟不教，性乃迁'是什么意思？"

妈妈眨巴着眼睛思考了一会儿，说："狗不叫不是它的性格。"

一旁的爸爸听了，"扑哧"笑出了声。见妈妈飞来一记眼刀，他赶紧说："儿子，我发现你们燕子老师总是能够提出一些特别好的建议。这样吧，为了表示对你们读书的支持，以后每天晚上吃完饭由我来洗碗。"

妈妈激动地说："就为这，我也得好好读书。"

就这样，母子俩开始了第一天的阅读。今天何包读的是《三字经》，妈妈看了半本杂志。半小时后，爸爸过来给何包拍了一张照片，发在了朋友圈里。

第二天，何包读了《千字文》，妈妈又看了半本杂志。

……

坚持了不到一个星期，妈妈就坚持不下去了，她觉得看杂志实在是没有刷手机好玩。于是，晚上何包读书的时候，她就在一旁玩手机。

见妈妈坚持了几天就坚持不下去了，何包也没有了动力。这天晚上，他吃完饭后磨磨蹭蹭的，就是不想回房间读书。

爸爸说："何包，快点吧，都要九点了，你读完书还得洗漱呢。"

何包支支吾吾地说："爸爸，我今天能不能不读书？"

爸爸疑惑地说："为什么不读书？最近你不是一直坚持得挺好的吗？"

何包说："妈妈看杂志，刚看了几天就坚持不下去了。

我看的书更加枯燥，所以我也不想读了。”

爸爸恍然大悟，说：“原来是妈妈给你做了坏榜样，对吗？”

何包小声说：“可以这么说吧。”

爸爸说：“那针对这个事情，我们需要严厉地批评妈妈。你去把妈妈叫过来，我们一起聊一聊。”

何包一溜烟儿跑到卧室，把妈妈叫了过来。

爸爸严肃地说：“最近几天，你和何包一起读书，我觉得这种氛围挺好的。为什么后来你改成玩手机了呢？”

妈妈不以为然地说：“因为杂志没有手机好玩呀！”

爸爸说：“你看，何包原本坚持得很好，今天他突然提出不读书了，就是因为受到你的影响。我想，你确实应该反思一下自己的行为。在教育孩子的同时，是不是应该给孩子做好榜样？”

妈妈说：“我玩我的手机，他看他的书，我又没有影响他。”

爸爸说：“你这样想可不对。父母是孩子最好的老师。如果你都管不住自己，你怎么能要求他管住自己呢？”

妈妈想了想，觉得爸爸说的有道理，就说：“好吧，我觉得你说得对，那我从今天开始也看书吧。”

爸爸说：“不但要看书，还要看一些正经的书，不能只看休闲趣味类的。你可以看看文学方面的书，也可以看看历史书，总之，要给孩子树立好的榜样。”

于是，妈妈带着何包回到书房，开始看书。半小时后，爸爸过来给他们拍照，发到了朋友圈里。这一次，爸爸拍的是妈妈和何包一起读书的情景，获得了很多赞，燕子老师也给他们点了一个赞。

第二天，何包到了学校，燕子老师当着全班同学的面表扬了他，说："最近一段时间，大家都能够坚持读书，老师很欣慰。尤其是何包同学，不但自己坚持打卡，还带着妈妈一起读书，做得很棒。"

听到燕子老师的表扬，何包心里美滋滋的。

晚上到家之后，何包催着妈妈快点读书，妈妈却不紧不慢地说："等一会儿，我化个妆。"

何包疑惑地说："晚上又不出门，你化妆干吗？"

妈妈说："你爸都把我发朋友圈了，我不得化得好看点吗？"

何包："……"

何包日记

比起读书，可能玩游戏、玩手机更加有意思。我妈妈也是这么想的，所以她刚看了几天杂志，就坚持不下去了。妈妈在陪我读书的时候开始玩手机，严重影响了我。我想，要是她能树立一个好的榜样，说不定我早就成了文曲星那样的学霸了！

第14章

可恶的外号

何包给同学起了很多难听的外号，可是在他被别人起外号的时候，文曲星挺身而出，维护了他。

不知道从什么时候开始，班里兴起了一股不正之风——给同学起外号。

最先“中招”的是文曲星。由于文曲星戴着一副眼镜，何包和大壮商量了半天，准备叫他“叮当小四眼”。很快，这个外号就在班里传开了。

听到这个难听的外号，文曲星自然不高兴了。他气愤地对何包说：“我说何包，你能不能别叫我‘叮当小四眼’？这个外号真是太难听了。”

何包大笑着说：“这可是我绞尽脑汁为你取的外号呀，你居然不喜欢，真是太让我伤心了。”

文曲星说：“这个外号真的特别难听。你想想，如果我给你起这么个外号，你会愿意吗？请你学会换位思考，好吗？”

何包说：“我换位思考了呀，我360度地想了个遍，也觉得这个名字挺不错的。”

见何包不讲理，文曲星只好气呼呼地回到座位上，一个人生闷气。

何包和大壮并不满足于只给文曲星起外号，很快他们就把目光瞄准了都美丽。都美丽长得胖，又爱吃零食，所以他们给她起了一个“肉嘟嘟”的外号。

都美丽对此提出了严重抗议，还挥舞着胖胖的小拳头想要打何包。可是根本没有用，何包和大壮在班里还是热衷于给别的同学起外号。于是，被起外号的同学纷纷开始反击，叫何包“荷包蛋”。

对于“荷包蛋”这个名字，何包并不反感，谁让他喜欢吃荷包蛋呢？

这天，上体育课的时候，何包不小心崴了脚，脚踝肿得像馒头一样，走路很困难。体育老师去医务室为何包借了一副拐杖，方便他走路。

没想到，何包刚一回到教室，就得到了一个新的外号“铁拐李”。

班上那几个调皮蛋一直围着何包，说：

“铁拐李，你的葫芦呢？”

“铁拐李，我问你一个歇后语，铁拐李葫芦里的药，你知道后半句是什么吗？”

这几个调皮蛋围着何包，就像苍蝇一样，嗡嗡嗡的，让他十分心烦。何包真想掀了桌子，把这几个调皮蛋骂走。

这时候，文曲星来到他身边，大声说："你们有没有同情心呀？何包都受伤了，你们还围着他给他起外号。"

那几个调皮蛋见文曲星为何包出头，就把枪口对准了文曲星，对他说："一个'叮当小四眼'，怎么这么爱管闲事？"

文曲星说："你们欺负同学就是不对。"

一个调皮蛋说："之前何包还给你起外号呢！'叮当小四眼'不就是他给你起的吗？现在你还维护他，你是不是缺心眼？"

文曲星说："不管怎么说，就不许你们给同学取外号。你们要是再这样，我就去告诉老师。"

几个调皮蛋开始起哄，大声叫文曲星"叮当小四眼"。

这时候大壮从外面进来，见同学们正在吵闹，就问："出什么事了？"

文曲星气呼呼地说："他们见何包受伤了，就叫他'铁拐李'。"

大壮生气地说："你们敢给我的好朋友起外号，是不是皮痒痒了？要是再让我听见谁叫他'铁拐李'，别怪我对他不客气。"说完，大壮就展示了一下自己发达的肌肉。

几个调皮蛋都怕挨揍，就灰溜溜地走了。

文曲星对何包说："何包，你还疼吗？放学我送你回家吧。"

看着文曲星，何包有些羞愧，之前自己给他起那么难听的外号，而现在别的同学给自己起外号，还是他来帮自己解围。

见何包不说话，文曲星拍了拍他的肩膀，就回到了自己的座位上。

放学之后，文曲星收拾好书包，走过来对何包说："走吧，我送你回家。"

于是，文曲星和大壮一左一右，搀着何包出了门。

在回家的路上，想起自己给文曲星取外号的事，何包羞愧地说："对不起，我之前不应该给你起那么难听的外号。"

文曲星不在意地说："没关系，这都是小事儿。"

何包说："谢谢你今天送我回家。"

文曲星说："我们是同学，这么客气做什么？你回家要小心点，千万别再扭伤了。"

文曲星和大壮把何包送到家，就各自回家去了。

到家之后，妈妈看到何包受伤了，免不了一阵大呼小叫。何包没有放在心上，赶紧回到房间写作业了。

何包一边写作业，一边后悔自己给文曲星起外号的事。他想，既然这个外号是我给文曲星起的，就应该由我来终结。

第二天早上，燕子老师来到教室，何包一见她就站了起来，说："老师，我有话要说。"

燕子老师笑着点点头。

何包说："最近一段时间，咱班有一种不好的风气，就是给同学起外号。当然，有很多同学的外号都是我起的。在这里，我向这些同学表示道歉，希望你们能原谅我。我保证以后再也不会叫你们的外号。"

燕子老师再次点点头，示意他坐下。

何包又说："我还要向文曲星同学表示感谢。之前我给他起了非常难听的外号，可是在班里的同学给我起外号的时候，他挺身而出，维护了我。”

说完，他郑重地向文曲星鞠了一躬。

班里响起了热烈的掌声。从那之后，何包真的再也没有给别人取外号，同学们也很少叫别人的外号了。

何包日记

文曲星戴着眼镜，我就叫他“叮当小四眼”，都美丽胖嘟嘟的，我就叫她“肉嘟嘟”。一开始我觉得这些外号起得很有水平，直到我被人起名“铁拐李”，我才体会到被叫外号是多么难受的一件事。现在，我已经不给别人起外号了。

第15章

两张嘴的何包

有一天，何包发现自己突然长出了两张嘴，变成了一个怪物，这让他后悔极了，他很想变回一个正常人。

何包有一个非常不好的习惯，就是上课的时候喜欢说话，不管是哪个老师上课，他的嘴都不会闲着。

“快看，我妈给我买的新文具盒。”

“你这道题做得不对吧？应该这么做。”

……

燕子老师看到何包这么能说，总是批评他，可何包每次都是积极认错，坚决不改，让老师一点办法都没有。

开家长会的时候，燕子老师在何包的评价手册上写：说话太多。

爸爸拿到评价手册，苦笑着说：“那您是不了解他的妈妈。跟他的妈妈比起来，他简直就是个入门级选手。”

该如何才能解决何包上课爱说话的问题呢？老师们都十分头疼。

一天，何包上课的时候没有说话，因为他睡着了。在梦里，燕子老师变成了一个魔法师，见何包上课说话，就对他说："何包，你这么爱说话，一张嘴巴够用吗？"

何包嬉皮笑脸地说："是不太够用呢，老师，我就凑合用吧。"

燕子老师说："不用凑合，我可以再给你一张嘴巴。"

然后，燕子老师就敲了敲何包的头，说："从现在开始，你上课再说话，脸上就会多长出一个嘴巴。"

何包以为燕子老师是在吓唬自己，并不放在心上。自习课的时候，何包又开始说话了，他回过头去，对大壮说："嘿，这道题不是这么做的。"

大壮突然吓得大声叫起来："天啊，怪物！"

何包疑惑地说："怎么了，怪物在哪？"

听到大壮的叫声，其他同学都纷纷围了过来。有几个胆小的同学一看何包的脸，就吓得晕了过去。其他同学大叫着"怪物"，就冲出了教室。

眨眼间，教室里就剩下何包一个人，他不知道发生了什么事，只觉得十分奇怪。同学们都说有怪物，可是怪物在哪里呢？

何包朝教室外面走去，想要去找同学们，可是当他路过窗户的时候，无意中看到了玻璃上的自己。天啊，自己的脸上为什么长了两张嘴？现在他才明白，原来同学们说的怪物是自己。

何包吓坏了，忍不住在教室里哭了起来。

不一会儿，燕子老师来了，见他哭得这么伤心，就说："何包，你怎么哭了？"

何包怕吓到燕子老师，头也不抬地说："老师，我变成了怪物。"

燕子老师说："你怎么会变成怪物呢？"

何包抽泣着说："我也不知道，就是我上课的时候回头跟大壮说了一句话，我的脸上就突然多出了一张嘴，然后同学们就都被吓跑了。"

燕子老师说："我已经跟你说过了，从现在开始，你上课再说话，脸上就会多长出一个嘴巴。可是你并没有把我的话放在心上，对不对？"

何包抽泣着说："老师，我现在知道错了。我以后上课的时候再也不说话了。我真的不想当怪物，这种感觉太难受了。"

燕子老师笑着说："我有一个办法，可以让你不当怪物，你想听吗？"

何包擦干眼泪，着急地说："老师，我想听，只要能不当怪物，我做什么都愿意。"

燕子老师笑着说："从今天开始，你上课的时候要认真听讲，不要跟同学交头接耳。如果你能坚持20天，这张嘴巴就会消失的。"

何包苦着脸说："那接下来的20天，我不是都要当怪物了吗？"

燕子老师无奈地说："你之所以成为怪物，都是你自己

的错，是因为你上课时说话才长出来嘴巴。如果你不想当怪物，可以戴着口罩，把这张嘴藏起来。”

何包有些难以置信地问：“老师，如果我能坚持20天，这张嘴巴真的会消失吗？”

燕子老师笑着说：“当然，我什么时候骗过你？好了，你先把这个口罩戴上，我去把同学们都找回来。”

何包接过老师的口罩，闷闷不乐地戴在脸上，再也不敢说话了。

接下来的20天，何包上课的时候再也没有说话。因为大家都把他当成怪物，就算他想说话，也没有人理他。

终于熬到了第20天，何包一大早就睁开眼睛，来到镜子面前，仔细照了照，发现多出来的那张嘴巴真的不见了。他高兴极了，终于可以不用戴着口罩去上学了！他想着想着，越想越高兴，就哈哈大笑起来。

笑着笑着，他突然醒了过来，发现自己还在教室里，刚才的一切只是一个梦。可是，有的情景和梦里的情景是一样的，比如现在燕子老师就在自己身边，正在轻轻地敲自己的脑袋。

何包吓得抱住头说：“老师，我保证以后上课再也不说话了。”

燕子老师听见何包突然说出这句话，有些莫名其妙，但她还是笑着说：“好的，老师相信你能做到。”

下午上课的时候，高老师突然很生气地对何包说：“何包，你能不能闭嘴？”

何包说：“老师，我没有说话呀。”

高老师生气地说："你是没有说话，但是你吃了大蒜，能不能别老对着我哈气？"

何包挠挠头说："对不起，老师，我不是故意的。"

高老师说："没关系，你好好听讲吧。"

何包说："老师，等我下次吃肉包子的时候，我再对着你哈气，哈哈。"

何包日记

看到自己凭空多出了一张嘴，我吓得魂都没了。好在这只是一个梦，我还是正常的我，没有变成怪物。但是我也要吸取教训，以后不能在上课的时候讲话了。万一燕子老师真的会魔法，我不就真的变成怪物了吗？

第16章

何包游学记

何包要去参加游学，妈妈很不放心，因为何包长这么大，都没有离开过家门。他能够适应外面的生活吗？妈妈很担心。

燕子老师在班里宣布了一个消息：学校要组织高年级的同学去西柏坡游学，参观革命遗址。周日出发，周二返回。这次游学采取自愿原则，不想去的同学可以在教室自习。

听到这个消息，同学们都欢呼起来，开始议论。

“我可不要留在学校，我想去西柏坡。”

“我也是。在学校多无聊呀，好不容易有机会出去，傻子才不去呢。”

等大家讨论完了，燕子老师才说：“我这里有一张回执单，你们拿回去给爸爸妈妈。想去的同学让爸爸妈妈签字，再把回执单交给我。”

放学回家之后，何包第一时间拿出回执单给妈妈，说：

“妈妈，学校里组织我们去西柏坡游学，我想去。”

妈妈仔细看了看回执单，见上面写的是“自愿”，就迟疑地说：“算了，你还是别去了。”

何包着急地说：“为什么不让我去呀？”

妈妈说：“你长这么大，还没有离开过妈妈呢。让你离开这么久，妈妈不放心。”

何包噘着嘴说：“妈妈，班里的同学都去呢，我也想去。你就让我去吧，我保证好好表现，不让你担心。”

妈妈还是不同意，她说：“你这么淘气，万一出去丢了，可怎么办？”

何包嬉皮笑脸地说：“妈妈，你都说了，我这么淘气，就算丢了也没人捡，最后还得回咱们家。你就让我去吧，我保证不惹麻烦。”

见何包态度这么坚决，妈妈只好同意，填写了回执单。

何包拿着回执单，就像得到了特赦令一样，心里别提多高兴了。第二天，他早早就起床，确认自己已经带上了回执单后，才去了学校。

一到学校，他就把回执单交给了燕子老师，满怀期待地等着周末的到来。

周五放学的时候，燕子老师再次强调了这次游学的注意事项：“早上八点到校集合，然后乘坐大巴车去西柏坡。车程大约四个半小时。大家要带好换洗衣物。晕车的同学备好晕车药。”

同学们的心早就飞走了，只顾着答应，其实根本没仔细听老师的话。

周日一大早，同学们就来到学校集合。八点一刻的时候，燕子老师组织大家坐上大巴车，然后嘱咐道："同学们，这次路途比较遥远，我们大约要坐四个半小时的车。等到了目的地，大家一定要遵守纪律，千万不要到处乱跑哦！"

同学们异口同声地说道："好！"

大巴车从学校出发，一直开出市区。同学们都十分兴奋，叽叽喳喳地说个不停。

四个半小时后，大巴车终于到了目的地停了下来。

等大家全部下了车，燕子老师清点了人数，说："一会儿咱们先去住宿的地方，放下东西后到院里集合。咱们吃完午饭后，再去参观。"

燕子老师带着大家走了一段路，来到一个农家乐的门口。按照已经分配好的房间，大家各自入住了。

何包和大壮走进两人的房间，发现这里有点简陋，不过考虑到只是临时住所，也就不太在意了。

放好东西后，大家到院里集合，按照安排去吃饭，一边吃还一边讨论起来。

"原来革命也没有那么艰苦嘛！"

"我觉得这里环境还行，只要不上课，让我住山洞我都愿意。"

吃完饭后，燕子老师带着大家去参观了西柏坡青少年文明园，让大家接受革命精神的洗礼。参观完之后，大家的心情都有些沉重。

晚上，同学们一起在院里参加了篝火晚会，还唱起了红歌，玩得十分开心。为了让家长们放心，燕子老师专门录制了视频发到了家长群里。何包妈妈见何包玩得十分开心，才算放下了心。

两天后，游学活动结束了。吃完午饭，同学们坐上了大巴车，准备回学校。在路上，同学们都在讨论这次游学活动。

“原来革命这么艰苦，那些革命先烈真是不容易呀！”

“我们现在的生活真幸福……”

“以后我上课再也不交头接耳了，我一定要好好听讲，做一个好学生。”

“我也是，不能再像以前那么调皮了。”

回到学校之后，燕子老师简单交代了几句，就让大家回家了。

何包刚一踏入家门口，妈妈就迎了过来，把他紧紧抱在怀里，左看右看上看下看。

“妈妈，是我呀，何包。你不认识我了吗？”

“不是，只是好几天没见，想看看你有没有少块肉。”妈妈说。

何包哭笑不得地说：“怎么可能呢？我这不是好好的吗？”

这时候，爸爸端着菜从厨房里走了出来，看着这对母子，笑着说：“你说你们俩，平时闹得家里鸡飞狗跳，这刚两天不见，就跟分别了几个世纪似的。”

妈妈笑着说：“只有写作业的时候才会鸡飞狗跳，大部分时间还是母慈子孝的，对不对，何包？”

何包深情地拥抱了妈妈一下，说："妈妈，我已经长大了，能够管好自己，不用太担心我。你看我这不是回来了吗？快点吃饭吧，坐了四个半小时的车，我都饿坏了。"

妈妈擦了擦眼睛，说："行，我相信我的儿子。我们吃饭吧！"

何包日记

燕子老师说要去游学，我激动极了，因为我总是对学习之外的一切事情感兴趣。可是妈妈很不放心我，觉得我没有离开过家，没有自理能力。这次游学之后，她才知道，原来我可以管好自己，做一个独立的人。

快乐学习效率高

张海君◎编著

商務印書館国际有限公司
中国·北京

图书在版编目（C I P）数据

快乐学习效率高 / 张海君编著 . -- 北京 : 商务印书馆国际有限公司 , 2020.6
（成长励志系列）
ISBN 978-7-5176-0740-3

Ⅰ . ①快… Ⅱ . ①张… Ⅲ . ①学习效率—少儿读物
Ⅳ . ① G442-49

中国版本图书馆 CIP 数据核字 (2020) 第 081712 号

KUAILE XUEXI XIAOLÜ GAO
快乐学习效率高

编　　著 张海君
责任编辑 桑丛丛
封面设计 君阅书装
出版发行 商务印书馆国际有限公司
地　　址 北京市朝阳区吉庆里 14 号楼
佳汇国际中心 A 座 12 层
邮　　编 100020
电　　话 010-65592876（编校部）
010-65598498（市场营销部）
网　　址 www.cpi1993.com
印　　刷 三河市祥达印刷包装有限公司
开　　本 880mm × 1230mm　1/32
字　　数 62.4 千字
印　　张 3
版　　次 2020 年 7 月第 1 版第 1 次印刷
书　　号 ISBN 978-7-5176-0740-3
定　　价 90.00 元（全 5 册）

PREFACE 前言

随着孩子一天天长大，父母的烦恼也与日俱增：曾经天真烂漫的孩子，如今却叛逆心重，经常和父母对着干。作为父母，如何做好孩子人生路上的引路人？如何让孩子懂得感恩，懂得尊重父母呢？

在生活中，会有那种特别独立的孩子，当然，也会有什么事都依赖父母的孩子，这两种孩子是由于家庭教育的不同所造成的。作为家长，一定不要宠溺自己的孩子，因为你只能陪他走一程，不能陪他走一生。在陪伴孩子的时候，你要尽量让他自己学会独立，给他多一些尝试的机会。当发现孩子对某一事物特别感兴趣时，你千万不要扼杀他的兴趣，而要给予他正面的鼓励，他才会变得越来越好、越来越独立。

尊重他人，对于每个人来说都至关重要。对于孩子来说，更是如此。只有教孩子们学会了尊重他人，他才有被别人尊重的资本。

孩子的成长离不开父母的引导，也离不开书籍的陪伴。一本带有启迪性的好书，更容易将孩子引上正途。对此，家长们也是乐见其成的。因此，对作者来说，编写一套有教育意义又

能把正确的世界观、人生观和价值观涵盖进去的课外读物是非常重要的一件事。

中国教育部也非常关注少年儿童的心理健康和思想教育，多次修改教育大纲，也是为了让少年儿童更加出色。作者也正是秉承这一宗旨，为成长期的孩子量身打造了这套丛书。

这套丛书根据少年儿童的心理特点，以主人公何包的故事为核心展开叙述，主题多样。这些故事真切地发生在少年儿童的学习和生活中，给人身临其境的感觉。为了让这套丛书的可读性更强，作者不仅将少年儿童成长中的故事和真实发生的事例相互融合，而且邀请了优秀的插画师为本丛书绘制插画，让小读者在阅读过程中有更加直观的感受，更好地理解故事中所蕴含的意义。

在阅读这套丛书的过程中，小读者一定可以和主人公一起进步，从何包的故事中学会明辨是非、学会独立、学会学习、学会控制情绪、学会负责……

轻松幽默、富有教育意义的故事，不仅可以让孩子们从中学到优秀的品质，还可以帮助孩子们树立正确的世界观、人生观和价值观。

张海君

主要人物介绍

何包： 男孩，活泼开朗，乐于助人，因为平时非常喜欢吃荷包蛋，所以有了“荷包蛋”的绰号。

娇娇： 女孩，班长、学习委员，学霸，做事一板一眼，喜欢管教别人，有“公主病”。

乐乐： 男孩，何包的死党，学习成绩好。

大壮： 男孩，身体壮实，喜欢运动，体力超强。

文曲星： 男孩，胆小怕事，做事总是小心翼翼，喜欢读书，爱幻想，易纠结。

吉姆： 男孩，英国小朋友，跟随父母来中国，是插班生，典型的小绅士，颇受娇娇的喜欢。说着蹩脚的中文，经常被何包戏弄。

都美丽： 女孩，绰号“肉嘟嘟”，娇娇的小跟班，典型的吃货、小胖妹。

燕子老师： 班主任，兼语文老师，善良温柔，有时候也会暴走，变得非常凶。

高老师： 数学老师，男，严厉。

钱老师： 英语老师，女，温柔。

顾老师： 体育老师，男，严厉。

何包妈妈：急性子，说话大嗓门，就算正常说话都好像要跟人吵架似的。最擅长“咆哮式”育儿方式，只要何包不听话，上来就是一顿吼。

何包爸爸：天津快板的狂热爱好者，不过是个慢性子，做什么事都不着急，就算遇到火烧眉毛的事情也能喝完一壶龙井茶再去办。

何包爷爷：戏曲老师，已退休，目前的人生理想是将何包培养成优秀的戏曲家。

目录

CONTENTS

目录

CONTENTS

第1章

左手画圆，右手画方

在语文课上，燕子老师带领大家做了一个游戏，就是用左手画圆，右手画方，结果，没有一个同学能够同时把这两个图形画好。

“丁零零——”

上课铃声响了，同学们都坐得端端正正的，等着燕子老师来上课。

只见燕子老师夹着课本走进教室，对大家微笑了一下，说：“这节课咱们先不着急讲课本上的知识，我先带大家做一个游戏。”

何包说：“我就喜欢做游戏。老师，你一定要点我的名呀。我可以保证，一定比其他同学玩得好。”

同学们发出一片嘘声。

燕子老师笑着环顾四周，说：“好了，大家安静一下，现在我需要两位同学上来，用右手画正方形。”

燕子老师的话音刚落，何包就飞快地举起了手，说："我我我。"

"好的，何包、吉姆，你们两个上来吧。"

何包快步冲上讲台，拿起粉笔就画了一个正方形，然后偷偷瞄了吉姆一眼，发现自己画得比他好，不由地露出了一个得意的笑容。吉姆画的正方形歪歪扭扭的。吉姆见何包笑自己，不由得十分郁闷。

见他们画完了，燕子老师并没有点评，而是说："好了，你们两个可以回到座位上了。接下来我还需要两位同学，用右手画个圆。"

这次大壮率先举手，说："我我我！"都美丽也紧跟着举起了手。

燕子老师说："好的，大壮、都美丽，你们两个上来吧。"

大壮画的圆，看起来有点像个球。都美丽画的圆，看起来一点儿都不圆。

何包在下面大喊："都美丽，你是不是又想吃肉包子了？你这画的明明就是个小笼包嘛！不过最近肉价这么贵，以你的饭量，容易把你爸妈吃破产呀！"

同学们听了哈哈大笑。都美丽生气地瞪了何包一眼，走下了讲台。

燕子老师批评了何包，但没有点评，而是说："现在我还需要两位同学上来。但是我的要求变了，你们要听好，这次是两只手同时作画，左手画圆，右手画方。"

大壮说："老师，你这是从《射雕英雄传》得来的灵感吗？"

燕子老师笑着说："你们不需要知道我的灵感来自哪里，只要能完成我这个任务就行了。不管是谁，完成任务的都有奖励！"

大壮自信满满地说："我能行，让我先来试试好了。"

征得燕子老师同意后，大壮高兴地走上讲台，两只手各拿起粉笔，认真地在黑板上画了起来。台下的同学都瞪着大眼睛看着他，生怕落下什么细节。大壮画了一会儿，就要看看左边画的圆不圆，右边画的方不方。结果，顾了左边，忘了右边，顾了右边，又忘了左边。最后画出来一看，圆的像个大鸡蛋，方的像个西红柿。大家见了都哈哈大笑起来。

有个调皮的同学说："我只知道画饼充饥这个词，今天可算是开了眼了。大壮，你能用你画出的材料做一盘西红柿炒鸡蛋吗？"

大壮羞得脸通红，灰溜溜地回到了座位上。

燕子老师问："谁还想尝试一下？"

文曲星不服气，就来到讲台上，准备挑战一下。可是他觉得自己的手好像不听使唤，左手画，右手就停，右手画，左手就停了。不管他怎么努力，两只手都没办法同时画，最后画出来的东西也是一团糟，惹得同学们哈哈大笑。

何包说："文曲星，看来你也不过如此呀！"

文曲星不服气地说："何包，你不要讲风凉话，有本事你上来试试看呀。"

何包得意地说："试试就试试，我保证比你画得好。"

何包走上讲台，两只手分别拿起两支粉笔就开始画了起来。可是他觉得自己的手也不听使唤了，最后画出的东西圆不圆方不方，一个像电熨斗，一个像瓦片。想起自己的豪言壮语，他羞得脸都红了。

这时候燕子老师问："还有谁不服气吗？"

同学们都怕丢脸，没有人敢吭声。

燕子老师说："如果你们不想上讲台，也可以自己在本子上画一下。同时拿起两根笔，看看到底能画出什么？"

有几个同学真的不服气，就拿出本子，用两支笔画了起来，结果不出所料，又是画成了四不像。

燕子老师笑着说："现在还有人不服气吗？"

同学们都没有吭声。

燕子老师又问："那你们有没有想过为什么会出现这种情况呢？"

文曲星说："老师是想告诉我们，一心不能二用，对吗？"

燕子老师说："没错。我之所以要大家做这个游戏，就是想让大家知道，做任何事情都要一心一意。如果一心二用的话，是不会做好事情的。"

何包想想自己上课的时候经常做小动作，还要跟同学讲话，这就不是一心二用的事了，而是一心多用，这样自然就不会取得好成绩了。

他站起来说："老师，我觉得这个游戏特别好，我已经认识到了自己在学习上存在的问题了，以后我会注意的。"

燕子老师笑着说："好的，何包，老师相信你。"

何包说："老师，以后你可要多带我们玩游戏呀！"

燕子老师笑着说："当然可以，老师也觉得让你们快

乐学习比无聊的说教效果好多了，以后我会多带你们玩游戏的。”

做完这个游戏之后，燕子老师开始讲课。何包把背挺得直直的，眼睛一眨也不眨地盯着黑板，他想，我可不能再一心二用。

下课的时候，奇迹出现了。何包发现老师讲的居然都特别容易理解，自己居然在课堂上就掌握了。

何包日记

今天在语文课上，燕子老师带领我们玩游戏。游戏就是左手画圆，右手画方。一开始我觉得这个游戏非常简单，可是真正画起来才知道，实在是太难了。我也因此明白了一个道理：一心不能二用。所以，我以后在上课的时候要认真听讲，当堂掌握老师所讲的内容。

第2章

二八定律

何包抱怨写作业用的时间长，文曲星却说自己只需要何包一半的时间就能写完作业。文曲星有什么秘诀吗？

下午放学的时候，何包边收拾书包，边抱怨：“老师们真是越来越残忍了，布置的作业越来越多。就算一科只用一个小时，我也要用三个小时的时间才能写完作业，那我哪还有时间去玩呀？”

文曲星听到他的抱怨，说：“何包，我觉得可能你的时间规划有问题。就说今天这作业吧，我已经规划好了，用不了一个半小时就能完成。”

何包疑惑地说：“你是学霸，我是学渣，咱俩哪能一样呢？我跟你说吧，我刚才说的三个小时还是保守估计呢，一不留神我就得写到半夜。”

文曲星说：“这跟是不是学霸没有关系。我有一个提高学习效率的方法，简单有效，你想不想听？”

何包谄媚地说：“只要能腾出时间来多玩一会儿，我当然愿意听了。”

文曲星说：“你知道什么叫二八定律吗？”

何包摇摇头说：“不知道。这和我写作业有什么关系？”

文曲星说：“二八定律，也叫帕累托定律，是意大利经济学家帕累托发明的。他认为，在任何一组东西中，最重要的只占其中一小部分，约20%，其余80%尽管是多数，却是次要的，因此又叫二八定律。”

何包挠挠头说：“我还是没听出这跟我写作业有什么直接关系。”

文曲星说：“也就是说，你取得的成绩里，80%的收获来自于20%的付出；而另外80%的付出，由于时间安排不够合理，只取得了20%的收获。”

何包已经要抓狂了，他大声说：“说人话！”

文曲星说：“就拿你刚才说的话吧，你说每个科目都用一个小时，就非常不科学。我们可以用80%的时间来发现知识中的薄弱环节、做主要的作业，而剩下20%的时间，就用来做那些不怎么重要的作业。”

何包说：“那我怎么知道哪个作业重要，哪个作业不重要呢？要是让老师知道我认为他布置的作业不重要，一定没我的好果子吃。”

文曲星笑着说：“不重要的作业，就是那些非常简单的题目，或者我们已经掌握了的题目。对于这样的题目，我们只需要拿出一点点时间进行巩固就行。而那些难题，或者我们掌握得不扎实的题目，就要多花时间进行思考。”

何包这才恍然大悟：“那我明白了，这个二八定律，就是说我不能平均分配时间，而是应该抓住重点，对不对？”

文曲星笑着说：“孺子可教也。”

何包又问：“那我能不能拿出80%的时间来做难题，用剩下的20%的时间去做简单的题？”

文曲星边收拾书包边说：“当然可以了。由于我们的时间和精力有限，不可能真正做好每一件事情，所以就要学会利用二八定律，合理分配自己的时间和精力。不求面面俱到，只求重点突破，这样才能有效提高学习效率。”

何包思考了一会儿，又苦着脸说：“可是我觉得二八定律不太适合我呀！”

文曲星疑惑地问：“为什么呢？”

何包说：“你看啊，像你这样的学霸，不会的题目很少，所以能用二八定律。而像我这样的学渣，至少有一半以上的题目不会，我觉得叫五五定律比较合适。”

文曲星说：“这可是伟大的经济学家帕累托发明的定律，你怎么能随便给人家改名字呢？”

何包振振有词地说：“因为他是伟大的经济学家，而我只是个小学渣呀。再比如你，你不会的问题只占20%，而我就要占一半甚至更多呢。我本来还想叫它四六定律呢，嘿嘿。”

文曲星哭笑不得地说：“随便你怎么叫吧，只要你明白我的意思就行。好了，咱们快点回家吧，还有很多作业要写呢！”

何包背着书包回到家，就开始研究文曲星说的二八定律。他拿出今天的作业分析了一下。

语文：抄写第12课的生字，并组词。

数学：练习册第29、30页。

英语：背诵第10课的单词和对话。

何包想了想，语文作业比较简单，只需要查阅字典就能完成，应该算在20%里。数学练习册需要好好完成，否则容易被高老师“活捉”，要算在80%里。英语的背诵也是个大难题，因为很多单词都不认识，应该算在80%里。

分析完毕之后，何包先把语文作业抄写完毕，以便“轻装上阵”。抄写完语文后，他拿出数学练习册，看到上面的题目都有点难度，就拿出课本，复习了今天上课学的内容，然后开始做题。结果他发现，原本计划用一小时完成的作业，只用了40分钟。

“太棒了！今天一定能提前完成作业！”何包忍不住欢呼起来。

写完数学之后，何包又拿出了英语课本，开始背诵。他觉得，背诵确实有些难度，需要花大把时间。由于其他两科的作业已经写完，他没什么压力了，就踏实地背了起来，用了一个小时零十分钟，他才算把英语课文背完。

第二天来到学校，何包兴奋地对文曲星说：“学霸，请收下我的膝盖！”

文曲星说：“怎么了？”

何包说：“我昨天用了你说的二八定律写作业，虽然英语比我规划的时间长了一些，但是总体来说写作业的时间缩短了。”

文曲星说："那当然了，学习是要讲究方法的。"

何包说："那我还有一件事没想明白，我能不能用80%的时间来玩，20%的时间写作业呢？"

文曲星："……"

何包日记

我真的是越来越佩服文曲星了，他不但学习成绩好，还懂得很多我不知道的知识。比如他跟我说的这个二八定律，我以前从来没听说过这么深奥的东西。结果，被他这么一讲，我就明白了，以后我也得好好利用才行。

第3章

“残忍”的作业

为了完成燕子老师布置的作业，何包不但积极观察，还给燕子老师准备了一份神秘的礼物，结果却被请了家长。

周五放学的时候，燕子老师在教室里宣布，下周要讲一篇关于蚂蚁的课文，让大家抽时间去观察一下蚂蚁，以便能够对课文有深刻的了解。

听到老师的话，班里就像开了锅一样。

“蚂蚁多恶心呀，干吗要看蚂蚁？”这是娇娇在说话。

“就是，我有密集恐惧症，看着蚂蚁就害怕。”这是都美丽在说话。

男孩子们可就不一样了，他们觉得这没有什么难的，随便观察一下就可以了。

放学回家之后，何包就打开冰箱，拿出一根雪糕，美滋滋地吃了起来。

见他还没吃饭就开始吃雪糕，妈妈说：“你怎么空着肚子吃雪糕啊？”

何包狡猾地说：“妈妈，我不是为了吃雪糕才吃雪糕的，我是为了得到这根雪糕棍。我要是只拿雪糕棍，不吃雪糕，不就得浪费一根雪糕吗？”

妈妈疑惑地说：“你要雪糕棍干吗？”

何包神秘地说：“回头你就知道了。”

何包吃着雪糕，慢悠悠地出了门，来到了楼下的花坛里，他知道这里一定有很多蚂蚁。

果然，他很快就找到了一只小蚂蚁，并一直看着它爬回蚂蚁窝。现在，他开始仔细观察这个蚂蚁窝。

蚂蚁窝外面覆盖了一堆小颗粒，这些小颗粒特别小，还没有米粒大，颜色和土一样，捏起来硬硬的。要是不仔细观察，根本看不出这就是蚂蚁的窝。何包心想：这些小家伙，比我何包还要狡猾。

何包轻轻地伸出手，把小颗粒扒拉到一边，就看到了一个小洞。他恋恋不舍地吃完最后几口雪糕，用雪糕棍轻轻地一挑，就看到了一条弯曲的通道。这条通道很窄，也很不规则，应该就是通向蚂蚁窝的路。他用雪糕棒顺着通道一点点挖，就发现通道越来越宽，然后就出现了一个大一些的洞。

何包正在仔细观察的时候，突然从洞里冲出了好多蚂蚁，黑压压的一片，看着十分吓人。何包知道，自己真是捅了蚂蚁窝了，赶紧躲到一边。等到蚂蚁们都跑得差不多了，他才又回到蚂蚁窝边，又仔细观察起来。

他看到了一个大洞，大洞的四周有很多小洞，小洞里有一些白色的小颗粒，看起来很好玩的样子。他用手捏起一个小颗粒，感觉很软，他再一用力，小颗粒就被捏破了，滑溜溜的。

他本来想再捏一个，突然想到这应该是蚂蚁的卵，一个蚂蚁卵就是一条小生命。何包想，我应该把这些卵拿回家去，周一拿给燕子老师看看，给她讲一讲我今天的发现。

于是，何包迅速冲回家里，找了一个小盒子，在里面装了一点土，然后小心翼翼地把蚂蚁的卵放进去，还盖上了一块纱布，仔细照料着。

妈妈见何包对一个小盒子如此上心，就问："何包，你干什么呢？"

何包支支吾吾地说："没干什么，没干什么。"

然后他趁妈妈不注意，悄悄地把小盒子转移了位置，以免妈妈偷看。

星期一早上，何包早早起了床，带着宝贝小盒子就来到了学校。

好不容易等到燕子老师来上课了，何包把眼睛瞪得大大的，背挺得直直的，别提多认真了。

燕子老师笑着说："同学们，今天咱们要讲的这节课和蚂蚁有关。周五放学的时候，我已经安排了大家观察蚂蚁。现在有哪位同学愿意给大家讲讲自己的发现吗？"

何包率先举起了手，希望老师能叫自己，可惜老师叫了文曲星。

文曲星说："一般来说，蚁群有蚁后、雌蚁、雄蚁、工蚁和兵蚁5级。蚂蚁是动物世界中赫赫有名的建筑师，它们利

用颚部在地面上挖洞，然后搬运沙粒，建造蚂蚁窝。”

燕子老师满意地点了点头，说：“文曲星同学说得很到位，还有哪位同学想要补充一下吗？”

何包把手举得高高的，燕子老师说：“何包同学，你起来回答一下。”

何包激动地说：“老师，我知道。蚂蚁的卵是白色的小颗粒，捏起来软软的，还滑溜溜的，特别舒服。”

燕子老师笑着说：“何包同学，你是怎么知道的呢？”

何包说：“老师，你不是让我们好好观察吗？我这么听话，自然会好好观察了，并且我观察到的比刚才说的还多呢！”

燕子老师说：“何包同学，你这次表现不错，观察得非常到位，老师给你点赞。”

何包神秘地说：“老师，我给你带了一个礼物，你想不想要？”

燕子老师说：“老师不能收你的礼物，你坐下吧，好好听讲。”

何包神秘地说：“老师，你只要摸一下就行，这是我精心给你准备的神秘礼物。”

燕子老师无奈地说：“好，你拿来我摸一下吧。”

何包掏出自己的宝贝小盒子，拿到燕子老师面前，说：“老师，你把手伸到这棉花下面，就能知道是什么礼物了。”

燕子老师把手伸进去，下一秒，她就大叫起来：“这是什么东西？”

何包眨巴着眼睛说：“老师，这是我拿回来的蚂蚁卵，方便你上课用。”

燕子老师生气地说：“何包，明天让你的家长来学校一趟。”

何包郁闷地想：“我要帮助大家好好认识蚂蚁，怎么还被请家长了呢？”

何包日记

虽然我平时觉得写作业非常头痛，但是这次燕子老师布置的作业，我还是十分喜欢的。为此，我还专门吃了一根雪糕，然后拿着雪糕棍去掏了蚂蚁窝。但是这个故事的结局很悲伤，因为燕子老师让我请家长。哎，想来我真是太可怜了！

第4章

两份一样的试卷

在随堂测试上，何包的成绩勇创新低，只考了45分。他不安地回到了家，准备接受爸爸妈妈的混合双打。

数学课上，高老师拿出一摞试卷说：“同学们注意了，现在进行随堂测试，大家把课本都收起来。”

何包小声说：“高老师，你是不是又忘记备课了？”

没想到高老师耳朵特别灵，听到了何包说的话，大声说：“这次测试要认真对待，因为还得拿回去给爸妈签字。”

何包听说要给爸妈签字，心里别提有多紧张了。考试的时候，他仔细读题，生怕出错误。

考试结束之后，何包自己觉得考得还不错，他美滋滋地对大壮说：“这回稳了。”

大壮问：“什么稳了？”

何包说：“当然是数学考试啊。我觉得这回超常发挥了。我觉得吧，就算我考不了90分，也能考个85分，这样就算拿给家长签字，我也不害怕！”

高老师阅卷的速度非常快，到了下午，试卷就发下来了。何包拿到试卷一看傻了眼：这次确实是超常发挥，因为勇创新低，才考了45，比大壮还低3分。

现在，何包感觉这张试卷就是一个定时炸弹，危险系数五颗星。

就在他思考回家之后该怎么应对老爸老妈时，高老师走进了教室，来到了讲台上。

何包感觉气氛不对，赶紧把头埋得更低，免得太过显眼，被高老师发现。

高老师严肃地说：“这次有的同学考得非常差，超出我的想象。试卷拿回家，让爸妈签字，明天上交。”

何包拿着这张试卷，心里十分忐忑，他心想：这回完蛋了，只怕要遭受混合双打了。

平常放了学，何包都像兔子一样窜回家。这一次，他走得比蜗牛还慢。

到家的时候，妈妈正在做饭，见他回来得这么晚，就问：“今天怎么回来这么晚？被老师留了？”

何包摇摇头。

“先去写作业，一会儿出来吃饭。”妈妈说完又忙去了。

坐在书桌前，何包一边心不在焉地写着作业，一边想着一会儿该怎么跟妈妈说。

不一会儿，妈妈做好饭，就推开门进来，对何包说：“小包子，吃饭吧。吃完饭再写。”

何包答应了一声，就慢吞吞地出来吃饭了。

饭桌上，见何包兴致不高，爸爸就问："小包子，你看起来怎么不太开心呢？"

何包鼓足勇气说："爸爸，如果我考试不及格，你会说什么？"

爸爸说："没关系，失败是成功之母。"

何包说："那要是再不及格呢？"

爸爸说："胜败乃兵家常事。"

何包问："如果第三次还不及格呢？"

爸爸说："那可能是遗传问题，我就什么都不说了。"

听到爸爸这么说，何包才说："爸爸，我们今天考数学了。"

妈妈问："考了多少分？"

何包支支吾吾地说："你猜。"

妈妈想了想，说："我估计又没考好。"

何包说："妈妈，恭喜你都学会抢答了。说实话吧，我考了45分。"

妈妈一听，火冒三丈："小包子，你这是怎么回事儿？以前虽然总是不及格吧，也能考个50多分，这次怎么又下降了？"

何包低着头，不敢吭声，想了一会儿，才说："我可能找到原因了。爸爸刚才说了，是遗传问题。"

爸爸赶紧举起手："别赖我啊，我小时候学习成绩可好了。先别说这些没用的了，把试卷拿来吧。"

何包回到房间拿出试卷，对妈妈说："妈妈，高老师说让家长签字，明天试卷要上交。"

45

妈妈瞥了一眼试卷上那鲜红的45分，生气地说："放那吧，我回头再签。"

何包忐忑地吃完饭，就回到房间写作业去了。

第二天他一觉醒来，发现餐桌上居然放着两份一模一样的试卷，其中一份上面用红字标出了出错的原因、正确的解法，以及考察的知识点。

何包仔细看了看这份试卷，觉得总结得很到位。看到最后，他看到了妈妈写的几行字：

亲爱的儿子，我已经在试卷上给你签字了。我和爸爸仔细分析了你的试卷，找到了错误的原因。希望你能好好看一下，在以后的考试中不要再犯类似的错误。虽然你这次没有考好，但妈妈对你的爱丝毫不会减少。

看完妈妈写的字，何包吃惊之余，又有些感动。他想：这次是妈妈帮我分析了错题的原因，下次我争取自己分析出来。

几天后，高老师又进行了随堂测验。这次何包考了67分，虽然不算很高，但是比起以往有了很大的进步。

这一次，何包在拿回试卷之后，自己工工整整地把试卷抄写了一遍，像爸爸妈妈一样分析了错题的原因，并对这次考试进行了总结。

粗心：10分。

难题：12分。

老师讲过但是没有掌握的：11分。

分析完之后，何包又拿着试卷让妈妈签字。妈妈看了看何包自己总结的内容，并没有批评他，爽快地签了字。

之后的每次考试后，何包都会对错题进行分析。如果是试卷特别长的，他就请爸爸帮自己复印一份。时间长了，何包对自己的缺点有了清楚的认知，也知道了自己的薄弱环节在哪里。

在下一次考试中，何包又进步了。他知道，自己的成绩一定会越来越好的。

何包日记

原本我觉得这次随堂测验一点都不难，还觉得自己会考得不错。成绩出来的时候，我大吃一惊，因为我只考了45分。可是，回家后妈妈并没有骂我，还帮我把试卷抄了一份，进行了错题分析。我觉得这比打我一顿还让我难受，哎！

第5章

作文其实很简单

何包很讨厌写作文，可是燕子老师教了他们一个写作文的方法。这让何包觉得，写作文其实也挺简单的。

在所有老师中，何包最喜欢的就是燕子老师。可是在所有科目中，何包最不喜欢的又是语文。原因就是，他很讨厌写作文。

对何包来说，写作文是一件非常痛苦的事情。他每次写作文都要搜肠刮肚，但也找不出什么字词；写个两三行，就赶快回来数一数字数。

当然，不止他一个人这样，班里的很多同学都是这样。

一次作文课后，燕子老师看着同学们写的作文，差点气晕过去。她想：我得好好给同学们讲一讲怎么写作文。下一节课，她带着同学们的作文本来到了教室里。

同学们一看燕子老师的脸色，就知道暴风雨即将来临，赶紧端端正正地坐好。

燕子老师环顾了教室一周，清了清嗓子，说："同学们，上节课我布置了一篇作文，题目是《与众不同的人》。我已经看了你们交上来的作文，真是一言难尽。接下来，我就念几份'优秀'作文给大家听听。"

燕子老师说完，随手拿起一本作文，说："'我的老师有一张爪子脸。'请问，这是哪位同学的杰作？"

大壮默默地站了起来，为自己辩解："对不起，老师。我这纯属手误。我是要写瓜子脸的，您长得这么好看，一看就是瓜子脸嘛！"

燕子老师气得"哼"了一声，说："下次注意。再写错别字，别怪我罚你抄写。'我的老师长得有点胖，头大大的，眼睛大大的，鼻子大大的，连嘴巴也是大大的。'这是哪位同学的杰作？"

何包站了起来，对老师说："老师，这是我写的。我觉得我写得非常完美，把数学老师的特点都描写出来了。"

燕子老师说："我看你这分明就是在凑字数。明明能一句话概括的东西，写这么多。"

何包争辩道："老师，我这还是节省了一些呢。本来我想写老师的耳朵、手……"

燕子老师还没等他说完就打断了他："好了好了，别说了。我们这是语文课，不是生物课，快坐下吧！"

接下来，燕子老师又念了几个同学的作文，把同学们逗得哈哈大笑。

等同学们笑完了，燕子老师才说："这些都是你们写的作文，让我很头疼。平时我给你们讲过很多写作文的方法，你们根本就不用，总是写出一些让我哭笑不得的东西。你们自己看看，不是错别字，就是病句，还有一些写的驴唇不对马嘴。我就问你们，平时上课的时候，都认真听讲了吗？”

见燕子老师发火了，同学们都笑不出来了。

燕子老师说：“这节课咱们做一个小游戏，然后重新把《与众不同的人》写一遍。现在，每个同学拿出一张白纸。”

同学们都按照老师说的，拿出了一张白纸。

老师说：“你们想一下自己想写的那个人，他的五官是什么样的？”

同学们开始想自己要写的这个人，并在纸上画出了他的五官。

然后老师又说：“想一想他的身高、他的衣着打扮，再想一想他有没有什么特点。”

同学们又按照老师说的，把人像画完整，

见大家都画完了，燕子老师又说：“现在大家回想一下，这个人曾经做过什么事情？让你觉得他与众不同。请在他的画像旁边写下两件事。”

何包画的是妈妈，他想了想，写下了妈妈挥舞着鸡毛掸子揍自己，还有下雪天来接自己放学的事情。

等同学们都完成了这一切，燕子老师才说：“现在大家已经确定了要写的人，也给他画了像，写出了两件相关的事。现在有哪个同学愿意给我们展示一下他的画像？”

何包觉得自己画得挺好，毫不犹豫地举起了手。

燕子老师来到他的身边，仔细看了看他的画像、他写的两件事，说：“何包同学，你画的是你的妈妈，对吗？”

何包高兴地点点头，说：“老师，我画得是不是还不错？”

燕子老师说：“虽然你这画画得还不错，但是你这两件事写得不太合适。为什么你会觉得这两件事让你的妈妈与众不同？”

何包说：“因为我觉得别人的妈妈不会挥舞鸡毛掸子。”

同学们都笑出了声。

燕子老师说：“什么叫与众不同呢？就是和别人不一样。比如说大家穿得都很整洁，而这个人很邋遢。大家都按时来上学，而这个人会迟到。现在你明白了吗？”

何包点点头，说：“我明白了。我选的事例不对。”

燕子老师笑着说：“好了，你的画像画得不错，再把选取的事例改改，就可以写出一篇好的作文了。”

何包按照老师说的又想了两个事例写在了画像旁，写完，他觉得纸上的妈妈的形象已经变得十分丰满，有好多词似乎都要蹦出来。紧接着，他重新把作文写了一遍，最后，得到了老师的表扬。

何包日记

原本写作文是一件让我非常头疼的事，一般来说，我刚写几个字，就得数一数字数，看看还差多少字，写起来真的特别费劲。但是用了燕子老师教给我的这个方法后，我觉得写作文似乎简单了许多，每次再也不用费那么多脑细胞了。

第6章

小卡片大用途

上体育课的时候，文具星的口袋里忽然掉出了一些卡片。何包以为自己发现了文曲星的秘密，认为他是靠作弊取得的好成绩。

上体育课的时候，顾老师宣布要进行100米测验，让大家先热热身，准备进行测试。

何包最近学习热情高涨，就凑到了文曲星身边，和他一起热身。正在蹦跳的时候，文曲星的口袋里掉出了一张小卡片，何包捡起来一看，发现上面写了几个英文单词。他以为自己发现了惊天大秘密，就对文曲星说："文曲星，我知道你为什么每次考试成绩都那么高了，因为你考试作弊！"

文曲星有些摸不着头脑，就说："作弊？我什么时候作弊了？"

何包扬起手中的卡片，得意地说："你还想抵赖，我都拿到你作弊的证据了。你看，你把单词写到卡片上，不就是作弊用的吗？”

文曲星哭笑不得地说：“何包，你以为抄几个单词就能考出好成绩吗？”

何包说：“反正要是我单词都会写的话，成绩一定可以提高一大截。”

文曲星说：“实话告诉你吧，这是我的一个学习方法。”

一听是学习方法，何包立刻谄媚地说：“你能把这个方法告诉我吗？你也知道，对我来说，背单词实在太难了。”

文曲星大方地说：“可以啊，我告诉你。”

然后他从口袋里掏出一大堆卡片，对何包说：“你看，这就是我背单词的秘诀。我买了一些小卡片，把单词写在上面，词义写在背面。”

何包仔细看了看卡片，没觉得有什么特别的，就说：“这么做有什么好处呢？”

文曲星说：“好处大得很呢。你看啊，我们学完单词之后，很快就会遗忘。如果不及时复习，这些单词就会忘得干干净净，和生词一样了。所以我做了这些小卡片，有时间就拿出来看一看，就容易记得牢了。”

何包有些不太相信，说：“真的这么管用吗？”

文曲星说：“那当然，这是一个非常科学、系统的方法。”

何包有些怀疑地说：“就背这么几个单词，有什么效果？”

文曲星说：“你可别小看这几个单词。比如说你今天背了10个单词，把它们抄到卡片上，一天拿出来复习几次，那这10个单词就能记牢了。一个月下来，就是300个单词。一年下来，就是3600个单词。”

何包惊讶地张大了嘴巴，3600个单词，对他来说简直就是天文数字呀。

文曲星又说："做这种卡片的好处，就是你可以不必再用大块的时间来记忆。只要你把卡片放在口袋里，不管你是在坐公交车，还是在食堂排队打饭，甚至是在你上厕所的时候，都可以拿出来看一两眼。时间长了，你的单词量自然就提上去了。"

何包不由得佩服地说："不愧是学霸呀，简直让我膜拜！"

文曲星笑着说："还不止呢。如果你也用这种方法，咱们就可以一起把卡片放在桌子上，每人每次捡一张，进行比赛。答对了就得一分，答错了就扣一分。我想应该有很多同学乐意玩这个游戏吧。"

何包点点头，说："是的，我对这个游戏就很感兴趣。"

文曲星说："这些卡片不但可以用来记单词，也能用来提高你的语文成绩，比如说你可以把生字写在上面，像背单词这样来记。还有一个方法是，你可以把看到的一些好词好句抄到上面，这样你写作文的时候就不用担心没有东西可写了。"

何包点点头，觉得文曲星说得很有道理。

文曲星又说："还有，数学的公式也可以抄在上面。总之，你想记住的任何东西，都统统可以抄在卡片上。"

何包问："这些卡片真的像你说的那么神奇吗？"

文曲星说："别看这卡片不起眼，用处可大了。你知道法国科幻作家儒勒·凡尔纳吗？"

何包说："知道啊。《海底两万里》的作者嘛，我知道。"

文曲星说："他去世后，人们发现他亲手摘录的卡片有25000张，笔记有几百本。"

何包佩服地说："天啊，我要是也做这么多卡片，是不是也能当作家？"

文曲星笑着说："不是没有这个可能。"

上完体育课，何包回到教室开始制作卡片。大壮见他干得热火朝天，就问他在做什么。

何包神秘地说："我在做卡片，把知识点抄到上面。"

大壮惊讶地说："你要作弊？可是老师没说最近要考试啊。你小子也知道先下手为强啦？"

何包说："不是，我只是想帮助自己记忆单词，好成为学霸。"

大壮说："把我也带上，我也想尝尝当学霸是什么滋味。"

何包日记

我对文曲星的崇拜，真的犹如滔滔江水连绵不绝呀。他的学习成绩那么好，都是因为平时喜欢总结一些好的学习方法。而我呢，不好好学习，所以学习成绩这么差。我希望在他的带动下，我也能成为学霸中的一员。

第7章

“领头字背诗法”

在背诗的时候，何包总是搞错诗句的顺序，于是他以一串糖葫芦为代价，从大壮那里学到了一个背诗的好方法。

自习课上，同学们都在摇头晃脑地背诗，只有何包坐在那里发呆。因为对他来说，背诗是一件非常痛苦的事情，经常是背了上句忘记下句，好好的一首诗，硬是被他背成了“散装诗”。

今天燕子老师讲的是《咏柳》，作者是贺知章。原本这是一首非常简单的小诗，同学们都很快就背下来了。可是到了何包这里，背诗就成了一个难以完成的大任务。

经过不懈的努力，他好不容易背下了这四句，可是完整地背起来，就很有难度了。因为他总是颠三倒四，背完第一句，可能就跳到了第三句，甚至是第四句。一首好好的诗，被何包背得支离破碎。

上语文课的时候，燕子老师点名让同学们起来背诗。一连点了几个同学，大家都背得十分流利。这让燕子老师非常满意，她一边听一边点头，露出了满意的微笑。

何包见别的同学背得这么熟练，心里更紧张了，他在默默祈祷："千万别叫我呀，千万别叫我呀。"

燕子老师好像听到了他的心声一样，叫道："何包，你起来背诵一下。"

何包迅速扫了一眼课本，然后磨磨蹭蹭地站起来，开始背："碧玉妆成一树高，不知细叶谁裁出，万条垂下绿丝绦，二月春风似剪刀。"

同学们听到他把诗句的顺序背错了，都忍不住笑起来。

何包听到同学们的笑声，知道自己背错了，赶紧改正："不对不对，我背错了，重新来。碧玉妆成一树高，不知细叶谁裁出，二月春风似剪刀，万条垂下绿丝绦。"

这下同学们笑得更大声了，大壮还大声说："何包，你太厉害了，一共才四句诗，你就背得颠三倒四。我都背过这首诗了！"

何包知道自己又背错了，羞愧地低下了脑袋，说："老师，我好像又背错了，要不我再来一遍吧！"

燕子老师怕他背得更加离谱，赶紧说："好了，何包同学，你今天就背到这里吧。"

何包有点不甘心地说："老师，我觉得我背的这首诗还能'抢救'一下。"

燕子老师赶紧说："老师知道你已经背下来了，只是背得不太熟练。你先坐下吧，下课再好好背一背。"

见燕子老师态度这么坚决，何包只好不甘心地坐下了。

下课后，何包又望着这首诗发呆，心想：就这么一首简单的诗，我怎么就是背不下来呢？难道我真的这么笨吗？

大壮见他在发呆，就凑过来说：“哥们儿，还在为刚才的事情发愁呢？”

何包愁眉苦脸地说：“一共才四句，我就背得乱七八糟的，听说以后还有八句的诗呢，那不得愁死我呀？”

大壮神秘地笑着说：“何包，我有一个好办法，你要不要听？”

何包无精打采地说：“就你这个学习成绩，还能有什么好办法呢？”

大壮气鼓鼓地说：“何包，你怎么这么看不起人呢？你不知道这么一句话吗？士别三日，当刮目相看。”

何包疑惑地说：“咱俩不是天天见吗？怎么叫士别三日？”

大壮含混地说：“反正就是这么个意思吧，你到底要不要听？”

何包说：“那你说吧，反正听听也没什么损失。”

大壮翻个白眼说：“那你也不能白听呀，要是你觉得有用，就给我买一串糖葫芦，怎么样？”

何包想了想，说：“行吧，如果你能帮我解决这个难题，别说一串糖葫芦了，十串我也给你买。”

大壮两眼放光地说：“真的吗？”

何包说：“那当然，但是前提是，你的办法得有用，要不别想吃糖葫芦。”

大壮得意地说：“放心吧，糖葫芦是我的了！我告诉你，我的办法就是，记住每句的第一个字，就能记住顺序了。比如这首《咏柳》，每句的第一个字分别是碧、万、不、二，你把这个顺序记住，背诗的时候不就不会乱套了吗？”

何包按照这四个字的顺序默默地背了一遍，发现自己这次居然完整地背了下来，心里别提多美了。

大壮见自己的方法奏效了，就说：“我这个方法是不是挺有效的？你也该兑现诺言，给我买十串糖葫芦了。”

何包说：“吃十串糖葫芦，你不怕把牙酸掉呀？你这么一个小方法，换我一串糖葫芦就不错了。”

大壮郁闷地说：“何包，你言而无信，以后我不会把我的好方法告诉你了。”

何包说：“大壮同学，我告诉你，人贵有自知之明。就你的成绩，想要再有好方法，得等到猴年马月去。你再想吃我的糖葫芦，就等你下次有了好方法再说吧。走，咱先去吃这一串糖葫芦！”

何包日记

别看大壮成绩不好，有时候也能一语惊人，想出一个好办法呢。就像背诗吧，每次我都背得颠三倒四的，这让我自己也很无奈。可是有了他这个“领头字背诗法”，我只需要背几个字，就能把诗句的顺序记住了，再也不用担心颠三倒四了。

第8章

“糖葫芦记忆法”

文曲星吃着何包买的糖葫芦，就告诉了他一个“糖葫芦记忆法”，让何包觉得收获特别大。这到底是个什么方法呢？

何包和大壮来到小卖部，准备买两串糖葫芦。掏钱的时候，何包突然改了主意，说：“阿姨，我要三串糖葫芦。”

大壮以为何包要多给自己一串，激动地说：“何包，你真有良心，还知道多给我买一串。既然这样的话，下次我有好办法还跟你分享。”

何包翻个白眼说：“谁说这是给你的？我这是给文曲星的，之前他教给我一些好的学习方法，我还没有报答他呢。”

大壮哀怨地说：“现在你攀上了高枝，就不想和我这个学渣一起玩了。”

何包说：“你别冤枉我啊，我什么时候不想跟你一起玩了？”

大壮说："咱俩一起玩了这么久，你才给我买一串糖葫芦，他只不过教给你一些学习方法，你也给他买了一串糖葫芦。你这么做，让我觉得自己没有那么重要了。"

何包哭笑不得地说："好了，你别抱怨了。我明天再给你买一串糖葫芦，行吗？"

大壮一听眉开眼笑地说："好啊，我没意见，要是来串草莓的就更好了。"

何包无奈地摇了摇头。

两个人拿着糖葫芦来到文曲星身边，何包笑着对文曲星说："文曲星，感谢你教给我学习方法，我决定送给你一串糖葫芦作为报答。"

文曲星笑着说："咱们都是同学，谈什么报答不报答。不过既然你给了我糖葫芦，我也不能白吃，我会教你一个背单词的好方法。"

何包疑惑地说："你不是教了我用卡片记单词吗？我这几天实验了一下，觉得效果还不错呢。"

文曲星笑着说："用一种方法对付所有的问题是不行的，要学会采用合适的方法。比如说你记单词，还有一种方法是把单词分类。如果你把这个方法和卡片法联系在一起，效果会更好呢。"

何包一听，连糖葫芦都顾不上吃了，就说："快给我说说。我要背很多很多单词，争取把一本词典背下来！"

文曲星笑着说："你可以把学会的单词按照词义不同进行分类，就好像吃糖葫芦一样，知道一个，就想到一串儿。就拿动物为例吧，咱们学过哪些动物？"

何包想了想："pig。"

大壮补充："monkey。"

何包又说："还有donkey。"

大壮不甘示弱，说："还有horse。"

何包见大壮跟自己比起来，当然不服气，一口气说了："ant、mouse、dog……"

见何包一口气说了这么多，大壮赶紧开动脑筋，准备在气势上压倒何包。

文曲星笑着说："一看你们俩就没有好好记单词，咱们学过的动物有很多，比如tiger、camel、fish，这些都是动物，你都可以归纳到一起进行记忆。

何包说："我明白了。那要照你这么说，表示颜色的形容词也可以放在一起，比如blue、white、orange、black。"

文曲星说："没错。何包，你真聪明，都学会举一反三了。"

何包挠着头说："哪有哪有，是你教得好。"

见何包受到了表扬，大壮也不甘落后，说："那表示动作的动词也可以放在一起，比如push、pull、kick。"

文曲星笑着说："没错。不过这个糖葫芦记忆法，还有另外一个串法，你们想不想听？"

何包急切地说："当然想，你快点说啊。有了你这些好方法，我一定可以成为背单词达人！"

文曲星笑着说："就是把两个单词串在一起，就能变成一个单词。比如foot和ball连在一起，就是football；rain和coat放在一起，就是raincoat。"

何包说："我明白了，hand和bag放在一起，就是handbag。"

大壮也说："那book和shop放在一起，就是bookshop。"

文曲星笑着说："没错。看到一些比较长的单词的时候，我们就可以先分析分析，它到底是不是由两个单词串起来的。如果是的话，就简单多了。"

何包无比崇拜地说："文曲星，怪不得你能成为学霸呢，现在我可是心服口服了。最重要的是，你还无私地把方法告诉我。"

文曲星晃了晃手里的糖葫芦说："这怎么能叫无私呢？我这不是吃了你的糖葫芦吗？"

一段时间后，何包的英语成绩有了很大的提升。钱老师不但在班里表扬了他，还让他到讲台上为大家介绍经验。

何包挠挠头说："我的成绩之所以提升，都是因为糖葫芦。"

同学们哄堂大笑。

何包着急地说："我还没说完呢。是这样的，文曲星教给了我'糖葫芦记忆法'，我觉得很有效果。一种是把单词进行分类，比如表示颜色的放在一起，这样想到一个的时候，就可以想到一串。还有一种方法，就是把两个词串到一起，变成一个单词，比如foot和ball连在一起，就是football；rain和coat放在一起，就是raincoat。"

钱老师高兴地说："何包说的这两种方法很棒，值得在全班推广。他能无私地把这个方法和大家分享，我们为他点赞。”

何包享受着同学们的掌声，心里美滋滋的。

之后，何包经常和同学们一起进行单词比赛。比如要求说出一个表示食物的单词，一般这个时候，都美丽都能获胜，她能一口气说出面包、牛奶、三明治等各种食物。

何包想：看来能吃也未必是一件坏事呀！

何包日记

啊，文曲星现在已经成为我的偶像了！就连吃一串糖葫芦，他都能够联想到记忆法上去，怎么能让我不崇拜呢？有了他的这个“糖葫芦记忆法”，我想我能够记住更多的英语单词了。这个方法其实能够值好多好多串糖葫芦呢！

第9章

“啄木鸟行动”

何包经常把一些字搞混，写出一些令人笑掉大牙的错别字，于是文曲星为他想出了一个“啄木鸟行动”。

考试的时候，燕子老师出了这么一道题：分（　　）。

何包得意地写了一个“分辨”，就交了试卷。考试结束后，他去和文曲星对答案，却得知文曲星写的是“分辩”。

何包长叹一声：“哎，好不容易会写一个，居然还不对。”

文曲星笑着说：“谁说你写的不对？我看你写得很对啊！”

何包疑惑地说：“我的也对？这怎么可能？”

文曲星说：“为什么不可能？”

何包说：“我写的明明跟你写的不一样呀！你是学霸，当然是不可能出错的，当然是我不对了。”

文曲星笑着说：“何包，你也太没有自信了。其实你和我的答案都对，只是意思不一样。‘分辨’就是辨别某一个东西，而‘分辩’就是一个人受了委屈为自己辩解。所以如果老师没有特殊说明的话，这两个字都是对的。”

何包想了想，说：“老师只是让组词，并没有说明是什么意思。那这样说的话，我写的也是对的。太棒了，我又得到一分。”

文曲星笑着说：“没错，你写的也是对的。”

何包崇拜地说：“文曲星，你可真厉害，让你这么一讲，我都能分清楚这两个字的意思了。你不知道，有时候我经常在作文里写错别字，因为我根本分不清楚是什么意思。”

文曲星笑着说：“有些汉字是非常有规律的，你要是弄明白了意思，就不会写错了。”

何包挠挠头说：“这对我来说有些难度，比如刚才的两个字，我就经常写错。”

文曲星笑着说：“你只要想一想，分辩是要用嘴说话，所以中间有一个‘言字旁’就可以了。”

何包想了想，确实是这么回事，就说：“可是我还有很多别的字分不清呢。比如‘暇’和‘瑕’，我就总是写错，都被燕子老师打过好几次叉号了。”

文曲星笑着说：“这两个字其实也很简单啊。你想想，咱们通常组词都是‘无瑕’和‘无暇’。王字旁的这个，是没有瑕疵的意思，你看这个‘王’是不是很接近‘玉’？它说的就是没有缺点，或者没有污点。而‘无暇’的暇是日字旁，就和时间有关，那‘无暇’自然就是没有时间喽。”

何包仔细琢磨了一会儿，崇拜地说：“文曲星，我对你的崇拜又加深了一层。我准备按照你的说法，在我的作业里找找错别字，自己改正过来，那我以后就不会出错啦！”

文曲星鼓励地说：“加油，何包，你一定可以的。我还可以给你这个行动取一个好听的名字。”

何包高兴地说：“什么名字？”

文曲星说：“就叫‘啄木鸟行动’。”

何包点点头：“这个名字不错，趁热打铁，我现在就开始。”

于是，何包拿出自己的作文本，开始寻找里面的错别字。不一会儿他就找到了一个，拿来给文曲星看：“文曲星，你说我这个‘裤存小商品’是不是不对？应该改成‘库存小商品’。”

文曲星笑着说：“何包，你当时是怎么想的呀？难道这家店卖的商品是放在裤子里储存的吗？”

何包不好意思地挠挠头说：“失误，失误。我找出的这个没错吧？”

文曲星说：“没错。现在你来给我说说这个‘库’和‘裤’有什么区别。”

何包说：“这个‘裤’是衣补旁，就是我们身上穿的裤子嘛！另外的那个，就是‘仓库’的‘库’，现在我就能分清楚了。”

文曲星说：“不错，就是这么理解，你可以继续找我。”

何包回到座位上，认真地看起了自己的作文，才发现自己之前写了很多错别字，闹了很多笑话。

于是，何包在以后写作业的过程中都会花一些时间去了解这些字的意思，使得作业中出现的错别字大大减少。

燕子老师发现了何包的这种变化，不但在班里表扬了他，还让他向大家介绍经验。

何包有些不好意思地说："这也不算我的经验，是文曲星告诉我的。之前我总是写错别字，他就给我制订了一个'啄木鸟行动'。我可以根据意思去找出我写出的错别字，然后加以改正过来。"

燕子老师点点头说："何包的这个办法非常不错，可以在班里推广。大家可以给自己的作业找错别字，也可以帮助同学找错别字，以后大家就是一群勤快的啄木鸟了。我想用不了多久，大家写的错别字就会越来越少。"

于是，同学们自由组合成小组，互相检查作业。在这个过程中，他们加深了对字的理解，写出的错别字也越来越少。

何包日记

文曲星简直是天才，随便讲一讲，就使我弄清楚了好多容易写错的字。现在，我已经能够自己揪出作业里的错别字，还能知道为什么错了。而且，燕子老师把这个方法在班里推广了，这让我觉得很有成就感。

第10章

把古诗的意思画出来

文曲星教了何包一个背诗的新方法，就是把古诗的意思画出来。何包尝试了之后，觉得效果真的很不错。

何包从文曲星那里学了一些学习方法后，学习效率有了很大提高，成绩也进步明显。不过他并不满足，他还想再进步一些。

在一个课间，何包拿着珍藏已久的巧克力来到文曲星身边，谄媚地说：“文曲星，这是我爸从国外带回来的巧克力，我拿来和你分享，大壮我都没给。”

大壮听见自己的名字，幽怨地说：“我就这么被抛弃了吗？”

文曲星笑着说：“别这么客气，咱们一起吃吧。你是不是今天又有什么事情要问我？”

何包挠挠头说：“真是什么都逃不过你的火眼金睛。是这样的，我觉得背诗是一件让我非常头疼的事情，我经常把古诗背成散装的，上次还因为把句子背得颠三倒四的而被同学们笑话了。”

大壮说：“我不是早把我的独门秘籍传授给你了吗？你怎么还背不下来？”

何包说：“不是句子顺序的问题，是我根本记不住这首诗，所以很需要一个更好的方法。”

文曲星笑着说：“这一点儿都不难，只需要一张纸、一支笔。”

何包迅速回到自己的座位上拿来纸笔，谄媚地说：“小的给您准备好了。”

文曲星接过纸笔，笑着说：“上次你背成散装的那首诗，是《咏柳》吧？现在你再给我背一遍。”

何包说：“碧玉妆成一树高，万条垂下绿丝绦，不知细叶谁裁出，二月春风似剪刀。”

大壮激动地说：“看来我的方法确实有效啊，你这次居然没有背混。”

何包翻了个白眼。

文曲星说：“既然这首诗题目叫《咏柳》，所以一定有一棵柳树。”

说着，文曲星就在纸上画了一棵柳树。

何包托着下巴问：“你画的这是什么玩意？”

文曲星说：“柳树啊！”

何包说：“啧啧啧，你可真是灵魂画手。要是你不说，我根本看不出这是一棵柳树。”

文曲星不好意思地说："细节不重要，反正你理解这个意思就行了。咱们继续说，碧玉妆成一树高，就是说这棵柳树非常高大，刚刚长出了新叶子，就像碧绿的翡翠一样。万条垂下绿丝绦，就是说下垂的柳枝就像千万条丝带。"

说着，文曲星就在画上加了很多柳枝。

"不知细叶谁裁出，就是说诗人看到这棵柳树之后产生了疑问：这么精致细小的叶子，是谁裁剪出来的呢？"

"二月春风似剪刀，就是说一阵阵春风吹过，诗人才意识到原来是春风这把剪刀呀。"

然后，文曲星就把一棵歪歪扭扭的柳树画好了。

何包仔细想了想，说："文曲星，虽然你这棵柳树画得不怎么样，但是我不得不承认，你的方法还是不错的。"

文曲星得意地说："这是我的独门秘籍，很多古诗我都是这么背下来的。"

何包说："那行吧，我也试试。我就说学语文很不容易吧，除了各种背诵，现在对画画也有要求了。唯一让我欣慰的，是我画得比你强。"

几天后，燕子老师又讲了一首诗，是杜甫的《闻官军收河南河北》。

剑外忽传收蓟北，初闻涕泪满衣裳。
却看妻子愁何在，漫卷诗书喜欲狂。
白日放歌须纵酒，青春作伴好还乡。
即从巴峡穿巫峡，便下襄阳向洛阳。

讲完之后，燕子老师要求大家把这首诗背下来，下一节课要默写。

何包心想：这正是把文曲星的办法付诸实践的大好机会呀！他想了想，该怎么画呢？

他想，这首诗讲的是：剑门关外，诗人突然听说官军收复蓟北。刚听到这个好消息，泪水打湿了衣裳。再回头看看妻子和儿女，他们的愁容也不知道去了什么地方。胡乱收拾着书本，不由得欣喜若狂。在这大好的白日里，一定要引吭高歌，纵情饮酒。在明媚春光的陪伴下，回到久别的故乡。立刻动身穿过巴峡再穿过巫峡，经过襄阳再转向洛阳。

何包一边想着，一边在纸上随手画了起来。他在画画的时候，唯一的感觉就是，杜甫真是一个牛人，用这么短短的一首诗，就能表达出如此多场景。

很快，一幅涂鸦就诞生了，虽然不太好看，却能帮助何包把诗背下来。结果，何包用了十几分钟，就把诗给背下来了。

他激动地拿着画冲到客厅里，对妈妈说："妈妈，我掌握了一个背诗的新方法。"

妈妈接过他的画，仔细看了看，说："你这画的是什么玩意？"

何包噘着嘴说："妈妈，我画的这是杜甫呀，别看画得不好看，但是帮我把诗背下来了呢。"

妈妈说："这杜甫真的很忙，还得帮助你背诗。好了，你开始背吧，我听着。"

何包流利地背出了这首诗，然后就等着妈妈的表扬。

妈妈听完之后，点点头说："背得十分流利。"

何包激动地等待着下文，看看妈妈会给自己什么奖励。

妈妈沉思了一会儿，说："看来得给你报一个绘画班了。"

何包日记

真的没想到，我要想把诗背下来，还得德智体美劳全面发展呀。就像文曲星教我的方法，要想背诗，还得会画画。虽然他画得不怎么样，但是我得承认，这个方法还是很管用的。唯一让我不满的是，妈妈说给我报绘画班，这简直太可怕了。

第11章

有感情地朗读课文

何包觉得“有感情地朗读课文”是一件非常困难的事情，可是在文曲星的指点下，他克服了这个困难。

今天，燕子老师带领大家学了一篇新的课文。何包翻到课文最后，见后面写着“有感情地朗读课文”，忍不住叹了口气。

大壮见他无精打采的，就问：“何包，你怎么垂头丧气的？有什么不开心的事？说出来让我开心一下。”

何包说：“我觉得学习语文真的是太难了，不是生字不会写，就是内容看不懂，作文更是让我头疼。现在的要求更严格了，还要有感情地朗读课文。我和作者又没有什么感情，怎么能读出感情呢？”

大壮笑着说：“感情是可以慢慢培养的，就像咱俩一样，一开始不认识，现在不也成了好朋友了吗？”

何包仔细想了想，觉得大壮说的话也有一定的道理。到家后，何包拿出课本，开始大声朗读课文。读完一遍之后，他发现里面的生字不多，读起来也不难，就又多读了几遍，直到把课文读得十分流利，才把课本放下。

第二天上语文课的时候，燕子老师说："现在我们请一位同学来朗读课文。"

何包觉得自己已经读得很不错了，高高地举起了手。可是老师在教室里看了一圈，说："文曲星，你来读吧！"

文曲星站了起来，开始朗读课文。一开始，何包有些不服气，觉得自己读得很熟练了，老师居然不叫自己，实在太气人了。可是听了一会儿，他就觉得文曲星读得特别好，确实是做到了"有感情地朗读"，对文曲星心服口服。他又暗暗庆幸：幸好老师没有让我起来读，跟文曲星一比，我这水平简直差远了。

下课后，何包来到文曲星身边，笑嘻嘻地说："文曲星，我有个问题要请教你。"

文曲星推了推眼镜说："这么客气干什么？有什么话直接说好了。"

何包说："就是吧，老师要求咱们有感情地朗读课文，但是我不知道怎么才能有感情。就像今天学的这篇课文，其实我已经在家读了好多遍，自己觉得读得十分流利了，可是跟你一比，我才发现差距，你能教教我，该怎么才能有感情地朗读课文吗？"

文曲星笑着说："当然可以，你好好听着，我今天就把秘诀告诉你。"

何包说："等一下，我去拿个本子，认真地记下来。"

何包窜回自己的座位，拿出一个本子，回到文曲星身边认真地听着。

文曲星说："要真正做到有感情地朗读课文，最基本的一点是朗读要正确，就是说你不能读错字，也不能添字或漏字。这个要求看起来很简单，其实很有难度，因为你稍不留神，就有可能读错。为了做到这一点，你就要认真读书，做到读书'三到'。"

何包问："什么是读书'三到'？"

文曲星说："就是眼到、口到、心到。"

何包工整地记在了自己的本子上。

文曲星等他记好了，才说："在正确的基础上，要读得流利，就是说你不能断句，也不能重复。为了做到这一点，你不能看一个词读一个词，看一句读一句，而是在读这一句的时候，眼睛就要看到下一句。"

何包又工整地记在了自己的本子上。

文曲星又说："你在朗读的时候，不能只讲究准确和流利，还要理解课文的内容。为了便于理解，你可以自己查一些资料。比如作者生活在一个什么样的时代？他为什么要写这篇文章？知道了这些，有助于你理解文章的内容。你读起来就很有感情。"

以为文曲星说完了，何包急切地问："就这么多吗？看起来好像也不难，我得回家试试。"

文曲星笑着说："别着急，我还有一个独家的窍门要告诉你。你在朗读之前，可以好好看一看整篇文章，找出每篇的基调。如《祖父的园子》，基调是十分欢快的，而《慈母情深》，基调是十分深沉的。这些都是你应该注意的。还有，看到一些能够表达感情的词语时，你要读得重一些。有时候为了表达感情，你还得做出适当的停顿。”

何包噘着嘴说：“天啊，这也太难了。”

文曲星笑着说：“是有一些难度，我自己也没有做到，正在加强练习呢。不过你可以好好研究一下我刚才跟你说的几点，对于有感情地朗读课文来说，应该都挺有用的。”

何包说：“我先试试吧，能做到几点是几点。”

晚上回家之后，何包按照文曲星说的，重新读了这篇课文，读出了不一样的感觉。

在下一节语文课上，燕子老师点名让何包起来读课文。何包不但读得十分流利，而且充满感情，赢得了同学们的热烈掌声。

何包日记

原本我觉得有感情地朗读课文是很难的，因为我和作者并没有什么感情，怎么可能读出感情来呢？可是在文曲星的帮助下，我掌握了一些朗读的小窍门，而且我朗读完课文还得到了同学们的热烈掌声。这种感觉真是太棒了！

第12章

随时随地记单词

何包帮助文曲星做值日的时候，发现文曲星在嘀咕什么，还以为他学习压力太大，开始自言自语了。

下午放学的时候，轮到文曲星留下来值日。何包想到他教了自己这么多学习方法，也没什么可报答的，就主动留下来帮他一起扫地。

何包扫着扫着，就听见文曲星在嘀咕什么。何包以为他有什么想说的，连忙移步凑到他身边，听了半天也没听懂他在说什么，就问："文曲星，你说什么呢？大点声，我听不见。"

文曲星笑着说："我没有跟你说话。"

何包吃惊地说："天啊，文曲星，你是不是学习压力太大疯掉了？怎么开始自言自语了？我听说，很多精神病人就是从自言自语开始的，你去医院看看吧。"

文曲星哭笑不得地说："何包，你说什么呢？我没有疯，只是在背单词而已。"

何包更加吃惊了："你都不看课本，也没有拿卡片，是怎么背单词的？"

文曲星说："谁说背单词就一定要看课本的？"

何包惊讶地张大了嘴巴："天啊，神奇的学霸，请你把秘诀传授给我吧。要是我能像你这样，随意就能背出单词，那我可就天下无敌了。"

文曲星说："我没有什么秘诀啊，都是非常简单的方法。"

何包哀求道："告诉我吧，快告诉我吧，学霸。如果你愿意告诉我，我愿意承包你一个月的值日任务。"

文曲星笑着说："方法可以告诉你，但是不需要你帮我做值日。我的方法其实很简单，就是每当我看到身边的一个东西，就想一想它用英文是怎么表达的。比如我看到桌子，就知道是desk；看到黑板，就知道是blackboard；看到足球，就知道是football，反正大概就是这个意思吧。"

何包歪着脑袋想："这么做有什么好处呢？"

文曲星说："就是可以给自己营造学英语的环境。每当我看到身边的东西，就会立刻想到英语怎么说，这样能够记得更加牢固。"

何包不好意思地说："对你这样的学霸来说，这样记单词当然没什么难度，可我是个学渣，好多词都不认识。比如说看到黑板，我都想不起来是blackboard。"

文曲星说："这也不难解决。我们身边的东西那么多，当然会有很多不认识的单词。比如电冰箱，这个单词特别长，一开始我也想不起来。我的办法就是，在冰箱上贴了一个便利贴，上面写上英语单词，这样我去开冰箱的时候就能看得见。时间长了，自然就记住了。”

何包一脸崇拜地说：“有时候我真想打开你的脑袋看一看，里面装的是什么。为什么你会有那么多的点子呢？”

文曲星惊慌地说：“我好心教你学习方法，你居然要谋杀我！”

何包赶紧解释：“不是这样的，我只是非常崇拜你，夸张地说说而已。但是我还有一个问题，像咱们班里的桌子、黑板，我肯定不能往上贴便利贴，要不然燕子老师会追杀我的。”

文曲星说：“那你就要学会变通呀！你不是有卡片吗？把单词写在卡片上，随时拿出来看看也是一样的。”

何包到家之后，拿了很多便利贴，贴在了冰箱、洗衣机和电视上。

妈妈见何包又在家里搞破坏，大声说：“何包，你这是干吗呢？贴这些乱七八糟的东西。”

何包得意地说：“我这是用来记英语单词用的，你没看见上面都写着单词吗？用不了多长时间，我就可以把这些单词都记下来了。”

见何包贴便利贴是为了背单词，妈妈也没再说什么。不过，晚饭的时候妈妈默默地给何包做了一大碗红烧肉。何包吃得满嘴流油，别提多爽了。

第二天到了学校，何包又开始给自己的课本和练习本贴便利贴。大壮见他忙忙碌碌的，就问：“何包，你这是

干吗呢？”

何包得意地说：“昨天文曲星教了我新的学习方法，我现在正在实践。”

大壮说：“什么学习方法？你也教教我呗。”

何包说：“这个方法非常简单，就是在你看到的所有东西上贴上它的英文单词。平时一看到它，你就想一想这个单词，很快就能把它记住啦。我觉得这个方法特别棒，昨天回家已经在我家的电器上贴了便利贴。”

大壮默默地回到自己的座位上，也拿起一张便利贴，在上面写了一个单词，贴到了何包的后背上。

何包大叫道：“你干吗呀？干吗在我身上贴便利贴？”

大壮笑着说：“我一看到你，就想到了‘人’这个单词，就把它贴在你的背上了。你可别告诉我，你不是人呀？”

何包想了想，无言以对。

大壮笑着说：“好了，从今天开始，你就是我的‘人’了。走，咱俩买汽水喝去！”

何包日记

今天我又学了一个背单词的新方法，就是每看到身边的一样东西，就想想它对应的英文单词是什么。用不了多久，我就能背下很多个单词了。我把这个方法教给了大壮，他却在我身上贴了便利贴，还说我是他的“人”，这种感觉可不好。

第13章

“石头记”

为了不被同一块石头绊倒两次，何包建立了错题本，还把这个方法告诉了大壮。很快，大壮就为自己的错题本起了一个奇怪的名字。

数学测验的成绩出来了，何包只考了73分。虽然这个成绩比之前有了很大的进步，但是何包并不满意。他觉得凭着自己聪明的脑袋瓜，怎么也得考80分以上。于是，他拿着试卷，开始进行试卷分析。

“这道题老师讲过，我又错了。”

“这道题上次考试错了，这次还错。”

……

见何包坐在座位上自言自语，文曲星就说：“何包，你考得怎么样？”

何包郁闷地说：“人家都说名师出高徒，我是你亲自指导出来的，怎么才考这么点分呢？”

文曲星笑着说："那不是还有这么一句话吗？师傅领进门，修行在个人。虽然我教了你很多方法，具体用起来还得看你自己啊。把试卷拿出来，我帮你分析分析。"

何包害羞地拿出自己的试卷，对文曲星说："我刚才已经分析了一会儿了，发现有的题目之前做错过，这次还错，真是郁闷。"

文曲星说："何包，我问你一个问题。如果路上有一块石头，你走到这里的时候绊倒了，那你下次路过这里的时候会怎样？"

何包说："我当然会绕着走了。我又不是傻子，怎么能被同一块石头绊倒两次呢？"

文曲星说："这跟你做题的道理不是一样的吗？上次错的题目，这次又错了，不就是被同一块石头绊倒了两次吗？"

何包想了想，觉得文曲星的话很有道理，就说："那我怎么才能避免被同一块石头绊倒两次呢？"

文曲星笑着说："你在生活中知道路过石头的时候会绕开，做题的时候就不知道了吗？这个方法其实也很简单。遇到你不会的题目，或者特别重要的题目，你可以把它们记录下来，经常拿出来复习一下。等到完全把它们掌握了，它们就再也无法绊倒你了。"

何包一拍脑袋，说："没错，这个方法好。我怎么就想不到呢？"

文曲星说："你不需要想到，你只要会用就可以了呀。比如今天这份试卷上的错题，你就可以整理到错题本上，写出自己做错的原因、正确的解法，考察了哪些知识点。等下次考试之前，你可以先把错题本拿出来看看，避免考试中再次犯错。”

何包说：“其实之前我妈妈帮我整理过出错的原因，我也一直坚持这么做。但是我做的没有你这么详细，也没有把正确的解法整理出来，考试之前也没有复习。我觉得，还是你这个办法更加一步到位。”

文曲星说：“那当然了，这可是我多年学习总结出来的经验。好了，我不打扰你了，你开始整理吧。”

按照文曲星说的，何包把自己最近考试的错题全部拿出来，整理到错题本上，认真地写出做错的原因和解题的方法，平时学习不忙的时候就拿出来看一看。很快，他就把这些错题涉及的知识点都掌握了。

下一次数学测试的时候，何包考了84分。这是何包第一次靠自己的努力考出这样的高分。他激动坏了，恨不得一步跑回家里，快点把这个好消息告诉妈妈。

见何包进步这么快，而自己才考了60多分，大壮酸溜溜地说：“何包，我觉得你考的这个分数不吉利。”

何包奇怪地说：“怎么不吉利？”

大壮说：“我奶奶说了，73、84，阎王不请自己去。你看看你这两次的分数，你可要小心点呀。”

何包翻了个白眼说：“大壮，你不要吃不到葡萄说葡萄酸。本来我还想把我学习成绩提高的秘籍告诉你，既然你这么说，我就不告诉你了。”

大壮赶紧说：“好何包，你不要跟我一般见识嘛。快点把秘方告诉我，我也想尝尝考七八十分的滋味。”

何包说："如果在路上遇到一块石头，你会怎么做？"

大壮说："这得看石头的大小了，小石头就当球踢，大石头就坐上去玩儿呗。"

何包说："算了，我不跟你兜圈子了，以你的智商是不会明白的。你只要知道，错题就是你前进路上的大石头。要想不被同一块石头绊倒两次，就要积极整理错题。我最近就是建立了错题本，才会取得了这么大的进步。"

大壮点点头说："明白了，就是建立错题本。你等着，我做好了给你看看，让你提点意见。"

下午，大壮就把自己的错题本做好了，得意地拿给何包看，还说："何包，你快看，我的错题本做好了。我还给它起了一个非常棒的名字，绝对是你想不到的。"

何包说："什么名字？"

大壮美滋滋地说："石头记。"

何包翻了个白眼说："你可真能给自己脸上贴金，你以为你是曹雪芹吗？"

大壮说："我不是曹雪芹，我起的这个名字是跟错题有关的。"

何包说："那你错题本里面的内容怎么样？不会空有其表吧？"

大壮把错题本递给何包，大声说："你怎么这么瞧不起人呢？给你看看！"

何包接过大壮的错题本，看到上面确实整理了几道题，但都是按照老师之前讲的整理的。大壮并没有标出考点，也没有自己的一些总结。

何包摇摇头说：“大壮，我很遗憾地告诉你，你这个错题本只是虚有其表，只是走了个过场，实际上还是没有掌握。来，我把我的错题本拿给你看看。”

何包日记

文曲星说得对，不能被同一块石头绊倒两次，所以我按照他的方法建立了错题本。我把这个方法告诉大壮之后，他也迅速建立了错题本，还给它取名“石头记”。其实，我真的觉得这个名字挺不错的，我怎么就没想到呢？

第14章

劳逸结合效率高

受到燕子老师所讲的故事的激励，何包准备刻苦学习。可是他的学习方法刚执行了一天，他就在课堂上睡着了。

课堂上，燕子老师给大家讲了一个凿壁偷光的故事。何包听了之后，十分受触动。他觉得之前自己总是调皮捣蛋，浪费了很多时间，现在想想，实在是太后悔了。

下了课，何包凑到文曲星身边，说：“文曲星，你还知道和凿壁偷光类似的故事吗？刚才老师讲了一个，我有点没听够呢。”

文曲星说：“我还知道一个‘萤囊映雪’的故事。”

何包说：“快给我讲讲。”

文曲星说：“晋代有个叫车胤的人，他非常爱学习，但是家里很穷，只能够吃饱肚子，根本没有钱让他买灯油，所以他晚上无法学习，只能充分利用白天的时间。夏天的一个晚上，他正在院子里借着夜光读书，突然看见了很多萤火虫。他想，要是抓很多萤火虫放到一起，不就可以当一盏灯用了吗？于是他找了一只白绢口袋，抓了十几只萤火虫放进去，再扎住袋口，吊起来当灯用。后来，他读了很多书，做了大官。这就是‘萤囊’的来源。”

何包听得津津有味，又问：“那‘映雪’是什么？”

文曲星说：“这个故事也发生在晋代。当时有一个叫孙康的人，家里很穷，买不起灯油，晚上没法读书，只能早早睡觉。他觉得这是浪费时间，非常可惜。有一天晚上，他从睡梦中醒来，无意中发现窗缝里透过一丝光亮，仔细一看才知道是大雪映出来的。他想，我完全可以借着这雪光来看书呀。于是，他穿好衣服来到门外，就着雪光开始看书。手脚冻僵了，就运动一会儿，再坐下继续看书。以后每逢晚上下雪，他就会起来读书，后来他也做了大官。”

何包心想：古人生活的条件那么恶劣，都刻苦读书。我的条件这么优越，却浪费了大把的时间，真是不应该。我决定了，晚上回家之后，我也得刻苦学习。

晚上到家之后，何包先把作业写完，然后就开始复习各门功课。不知不觉，已经10点了，他想：“今天的时间过得好快，一定是因为我学习太认真了，我太佩服我自己了。”

往常这个时间，他早应该上床睡觉了。可是想一想今天听到的古人刻苦学习的故事，他就告诉自己：“我再学一会儿吧。”

可是他现在已经很困了，人虽然在坐着，但是眼皮早就开始打架了。到了11点，他终于熬不住了，爬到床上，连衣服都没脱就睡着了。

第二天早上醒来，何包觉得很困，洗了一把脸就去上学了。到了学校，他困得睁不开眼睛，竟然在燕子老师的眼皮下睡着了。

燕子老师见何包睡着了，生气地说：“何包，你给我站起来。”

何包睡得正香，根本听不见燕子老师的话。大壮拿笔使劲捅他的后背，他才醒过来，还嚷嚷着：“你捅我干吗？”

直到听见同学们的哄笑声，何包才意识到是怎么回事。他赶紧垂下脑袋，做出一副积极认错的样子。

燕子老师生气地说：“最近一段时间，老师一直觉得你表现不错，各方面成绩也有很大的提高。你是不是骄傲了？怎么又开始上课睡觉了？”

何包委屈地说：“老师，我没有骄傲，只是想多挤出点时间来学习。昨天我听了你讲的故事，又听了文曲星讲的萤囊映雪的故事，很受触动。所以我昨天晚上学到了11点，今天才会这么困。”

燕子老师哭笑不得地说：“何包呀何包，你让我说你什么好？虽然你有上进心是好事，但是你这方法不对呀。要是错过老师讲的知识点，可能你下课多花一两个小时都补不回来呢。你这种学习方法，只能说是本末倒置。好了，你先坐下吧，可不许再睡觉了。”

何包郁闷地说：“老师，我也没想睡觉，可是我真的太困了，我之前从来没有那么晚睡过。”

燕子老师说：“那你想怎么办？你可别告诉老师，坐下

以后你还要睡觉啊！”

何包痛苦地说：“老师，不是没有这个可能，其实我也很无奈啊！”

燕子老师无奈地说：“既然这样，我看你只能站着上课了，不然我也没有别的办法。”

何包想了想，只好站着上课。一节课下来，他的腰都酸了，腿更是不听使唤。

下课后，何包坐在座位上，十分郁闷。

文曲星见他不高兴，说：“怎么了，何包？”

何包说：“我只是想多挤出点时间来学习啊，没想到上课时睡着了。”

文曲星笑着说：“老师说得对，你有上进心是好事，但是你的方法不对。你这样盲目地延长学习时间，只会降低学习效率，根本没法提高成绩。我们要注意劳逸结合，上课的时候认真听讲，下课的时候好好放松，这样才能让大脑处于一种高速运转的状态。你看我，我就从来不熬夜。”

何包委屈地说：“我就是听了昨天你讲的故事，才会熬夜的呀。”

文曲星哭笑不得地说：“你怎么还赖上我了？幸好我昨天没有给你讲头悬梁锥刺股的故事，要不然你今天带着绳子和锥子来了，那可太吓人了！”

何包一听来了精神，兴致勃勃地问：“头悬梁锥刺股又是个什么故事？快给我讲讲。”

文曲星说：“我可不给你讲。好了，现在是下课时间，我们出去散散步吧，让大脑休息一会儿，这样你下节课就不会睡觉了。”

何包还不甘心，他一边跟着文曲星往外走，一边说：“哎呀，文曲星，你就给我讲讲嘛，我对这个故事还是很有兴趣的。”

文曲星笑着说：“算了吧，我怕你做出伤害自己的事情，你把上课的时间利用好就行了。”

何包日记

昨天我听老师讲了古人刻苦学习的故事，深受触动，打算自己也要好好学习，所以昨天晚上硬是撑到了11点。结果，我今天就在课堂上睡着了，这让我很郁闷。还是文曲星说得对，劳逸结合效率高，以后我可不能盲目延长学习时间了。

第15章

阶段性小结

为了感谢文曲星教自己学习方法，何包打算请他到家里吃饭，没想到文曲星说要进行阶段性小结，拒绝了他。

最近何包的成绩有了明显的进步，他知道，这都是文曲星的功劳。要不是文曲星无私地把学习方法分享给自己，自己一定还在及格线附近徘徊呢。

为了表示对文曲星的感激之情，他决定请文曲星到家里吃饭，就对妈妈说：“妈妈，我周末想请一位同学来家里吃饭，可以吗？”

妈妈没什么兴致地说：“在家吃多麻烦呀，我还得给你们做饭。”

何包说：“我请的这位可是文曲星，我们班的学霸，他教给我很多学习方法呢！”

妈妈一听是文曲星，激动地说：“行，没问题，来吃吧。我给你们做油焖大虾、清蒸螃蟹、红烧肉、水煮鱼……”

何包一听嘟着嘴说：“妈妈，到底文曲星是你的亲儿子还是我是你的亲儿子呀？平时怎么没见你做这么多好吃的给我呢？”

妈妈笑着说：“因为你的成绩没有人家好啊。你要是也能成为学霸，我天天给你做好吃的。”

何包哼了一声，就上学去了。

到了学校，何包放下书包，对文曲星说：“最近我的成绩进步了，我想请你这个大功臣吃饭，请你务必赏脸。”

文曲星笑着说：“不用这么客气，我只是举手之劳而已。”

何包说：“有了你告诉我的那些学习方法，学习不再痛苦，而且我的屁股也免了很多皮肉之苦，所以你一定要来吃饭。”

文曲星笑着说：“真的不行，我明天得对这个月的学习进行一下总结呢。”

何包奇怪地问：“你学习都那么好了，还总结什么呀？”

文曲星摇摇头说：“总结和学习好不好没关系。总结是为了把最近一段时间学过的知识进行巩固，弥补漏洞，不使没掌握的知识成为下个月学习的包袱。”

何包兴致勃勃地说：“你给我详细说说，这个总结是怎么做呢？”

文曲星说：“在这段时间的学习里，肯定有一些收获，当然也有一些做得不到位的地方。我们之所以要做总结，就是为了弄清楚哪些做得不错，哪些做得不到位。这样，在后面的学习中才不会出现遗漏或者重复。”

何包说：“可是我已经有了错题本，也有了卡片，你说的那些方法我都已经用上了，还有必要做总结吗？”

文曲星说：“那当然了。比如说错题本吧，虽然你已经改正了错误，但是你能保证上面的题你都会了吗？每次总结的时候，我都会把那些题再做一遍。能够独立做出来的，就说明我已经掌握了，可以在上面做个记号，然后就可以略过。”

何包说：“那那些做不出来的题目怎么办？”

文曲星说：“当然是要重新整理啦。把错题整理到本上，和我们掌握了知识点，是两个不同的概念。已经掌握的东西，就不用花费大量的时间，节省出来的时间就可以放在没有掌握的知识点上。”

何包说：“虽然听起来很不错，但是我觉得这也很费时间啊。”

文曲星说：“如果你不及时总结，就会像狗熊掰棒子一样，掰一个丢一个，最后手里只剩下一个玉米棒子，那你之前的辛苦岂不白费了吗？而且我不觉得费时间，因为筛选出的那些你已经掌握的题，就不需要再花费时间了。这也无形中为你节省了时间。”

何包想了想，说：“文曲星，我觉得你说得非常有道理，今天晚上我回家后就开始做总结。”

晚上到家之后，何包就开始总结自己近段时间来的学习情况。他把最近所有的试卷按科目归类，看到自己的成绩有了很大的提升，心里美滋滋的。当然，做错的题也很多，这要是把它们全部整理下来，真是一项浩大的工程呀。

妈妈进来送水果，见何包愁眉苦脸的，就说："怎么了？学习遇到困难了吗？"

何包说："也不是，不是说要请文曲星来家里吃饭吗？今天我邀请他的时候，他教了我一个新的方法，就是进行阶段性总结，检查一下自己最近的学习情况。我刚才拿出试卷来一看，虽然我的成绩有所提升，但是要是总结这么多错题，真的会花费很多时间。"

妈妈笑着说："关于这个问题，我有一个妙招。"

何包着急地说："快说，快说。"

妈妈说："咱们家不是有复印机吗？我把你的试卷都复印一遍，然后将复印的试卷上的错题帮你剪下来。你能够做对的，就不用贴到本上了；要是你还做不对，就重新整理出来。这样做，不是省时省力吗？"

何包高兴地说："嘿，真不愧是我的妈妈，太聪明了！"

妈妈说："你不是请文曲星来吃饭了吗？他同意了吗？"

何包说："我是邀请他了，可是他说要在家里做总结，不准备过来了。"

妈妈笑着说："那你得讲究策略呀。比如说你可以跟他说，你还不会总结，需要他来咱家当面帮你总结，这样他就不会拒绝你了。"

何包笑着说："妈妈，你可真是女中诸葛呀。有了你的帮助，再加上他的指点，我这总结一定做得特别棒。我绝对是一个会掰棒子的狗熊。"

妈妈哭笑不得地说："你这熊孩子，哪有人说自己是狗熊的呀？"

何包说："我这就是给你打个比方。我哪能是狗熊呢？就我这么聪明，怎么也得是只猴子呀！"

妈妈哭笑不得地说："就算是猴子，你也是只泼猴。"

何包日记

为了表示对文曲星的感谢，我打算请他来家里吃饭，妈妈也准备给我们做好多好吃的。可是文曲星说他要在家里进行阶段性小结，拒绝了我的邀请。还是妈妈有办法，让我说请文曲星来家里当场帮我进行阶段性小结。看来，姜还是老的辣呀！

第16章

补齐自己的短板

放学后，文曲星匆匆地离开了学校，何包追上去，才知道文曲星是要去上补习班，这可让他吃惊极了。

放学之后，何包原本想请教文曲星一个问题，却看见他背着书包匆匆地离开了教室。于是，何包也背起书包追了上去。

“喂，学霸，你这是要去哪里呀？”何包在后面气喘吁吁地问。

文曲星回头一看是何包，放慢了脚步，说：“我要去补习班呀，一会儿该迟到了。”

何包惊讶地张大了嘴巴，说：“我的天哪！你学习成绩都这么好了，还去补习班，还给不给我们这些学渣留活路了？”

文曲星笑着说：“学无止境嘛！”

何包说："我能'采访'你一下吗？你是怎么想的？"

文曲星平静地说："非常简单，就是我觉得最近数学有的地方没有听懂，所以需要补习一下。"

何包说："没听懂就没听懂呗，反正你的成绩那么好了。再说，你没听懂的地方考试也不一定考呀。"

文曲星说："话不能这么说。你听说过木桶原理吗？"

何包说："什么桶？是全家桶吗？"

文曲星无奈地说："不是全家桶，是木桶原理，它是美国管理学家彼得提出来的。意思就是一个由多块木板构成的水桶，其价值在于盛水量的多少，但是决定盛水量的关键因素不是最长的那块板，而是最短的那块板。"

何包说："虽然我没有听说过这个原理，但是我明白你的话。"

文曲星说："也就是说，任何一个组织都会面临一个问题，构成组织的各部分往往是优劣不齐的，而整个组织的水平通常是由劣势决定的。"

何包说："我听不懂，说人话。"

文曲星笑着说："现在我觉得数学是自己的短板，所以要去上补习班，把这块短板补齐。"

何包幽怨地说："你的数学都考90多分了，还觉得是短板。跟你一比，我简直处处是短板呀。"

文曲星说："那你也可以找到自己的短板，把它补齐呀。"

何包摇摇头说："我可不要去上补习班，每天这么多功课都让我头都大了。"

文曲星说："以你现在对知识的掌握程度，只要上课认真听讲，及时完成作业，做好总结，就能有很大的提升，所以也不是非要去补习班不可的。"

何包松了一口气，说："那就好。你赶紧去补你的短板吧，我不打扰你了。我得回家找找我的短板去。"

何包与文曲星告别后，背着书包回了家。

到家之后，何包拿出自己的试卷看了看，不由得叹了口气，说："哎，我好羡慕文曲星，他的数学成绩那么高，都考90多分了，还能找出短板。我要是能考90多分，我都要烧高香了。"

他分析了一下自己的试卷，觉得最近数学和语文的成绩提高得比较明显，由于英语基础太差，进步不是很大。于是他准备把之前学过的英语课本都找出来，利用文曲星教自己的方法，把所有的单词都背一遍。

妈妈进来送水果的时候，看见何包正在翻箱倒柜，就问："何包，你干吗呢？把书扔得到处都是。"

何包抬起头说："妈妈，我正在找我之前的英语课本呢。我打算从明天开始背之前学过的单词，补齐自己的短板。"

妈妈笑着说："原来是这样啊！你去学习，我来帮你找。"

何包说："谢谢妈妈。等你把书找出来，我就好好学习，争取早点把之前没记住的单词背下来，把英语成绩提上来。你说怎么样？"

妈妈笑着说："当然没问题呀！如果有必要的话，我可以给你买些辅导书。”

何包赶紧说：“先不了，还是先找课本吧！”

很快，妈妈就把之前的英语课本找了出来。何包翻了翻三年级的英语课本，觉得大部分单词都不认识，就把这个课本放进书包里，准备明天到学校后再背。

第二天课间休息的时候，何包拿出三年级的英语课本看了起来。刚看了一会儿，大壮就过来说：“何包，走，咱俩去小卖部，我请你吃辣条。”

何包摇摇头说：“我不去了。”

大壮忙问：“怎么了？以前你都是一跃而起，比我跑得都快，现在怎么对小卖部都提不起兴致了？”

何包说：“我在看英语单词呢。”

大壮拿过何包手里的书一看，大惊失色：“何包，你是不是因为成绩太差，想要留级？我可舍不得你啊！你走了，我怎么办？你走了的话，我就是咱班的倒数第一了！”

何包翻个白眼说：“你现在也是倒数第一啊！”

大壮抱住他说：“我不管，反正我不准你留级。”

何包哭笑不得地说：“谁跟你说我要留级了？我只是觉得英语是我的短板，所以想把之前学过的英语单词都背一背。”

大壮上下打量了何包一番，疑惑地问：“短板？我没看出你的腿瘸啊？”

何包翻个白眼说：“这么跟你说吧，如果你是一个木桶，那你能装多少水，主要取决于最短的那块板的长度。也就是说，为了多装水，就要把最短的那块板加长一下。”

大壮听了，不住地点头。

何包说：“你听懂我说什么了吗？你就点头。”

大壮说：“我听懂了，你说我是个木桶。”

何包无奈地说：“我的天哪！你这个理解能力，怪不得每次语文考试都考不及格。好了，你去小卖部吧，我要背单词了。”

何包日记

文曲星给我讲了木桶原理，我听懂了，就开始寻找自己的短板，并努力把它补齐。不过大壮太让我失望了，我给他讲了半天，他也没听明白，还以为我腿瘸了，真是气死我了。可是我不会嫌弃他，谁让我们是好朋友呢！